国家自然科学基金资助项目(批准号：41472268)

地下工程岩体涌突水注浆封堵机理试验研究

胡巍　綦建峰　钟华　著

图书在版编目(CIP)数据

地下工程岩体涌突水注浆封堵机理试验研究/胡巍,綦建峰,钟华著.—武汉：武汉大学出版社,2016.12
ISBN 978-7-307-19051-1

Ⅰ.地…　Ⅱ.①胡…　②綦…　③钟…　Ⅲ.地下工程—注浆堵水—研究　Ⅳ.TD743

中国版本图书馆 CIP 数据核字(2016)第 296549 号

责任编辑:鲍　玲　　　责任校对:李孟潇　　　版式设计:马　佳

出版发行：**武汉大学出版社**　(430072　武昌　珞珈山)
(电子邮件：cbs22@whu.edu.cn　网址：www.wdp.com.cn)
印刷：虎彩印艺股份有限公司
开本：720×1000　1/16　印张:11.5　字数:164 千字　插页:1
版次：2016 年 12 月第 1 版　　2016 年 12 月第 1 次印刷
ISBN 978-7-307-19051-1　　定价:39.00 元

序

涌突水问题是地下工程建设及地下资源开采中普遍存在的工程地质问题。涌突水事故的发生往往导致巨大的经济损失甚至人员伤亡。注浆技术作为现代岩土加固防渗处理的主要手段，已广泛应用于地下工程涌突水的预防和应急治理中。

铁路、公路隧道，水电站地下洞室群，采矿等人类地下工程活动空间主要为岩体环境。有关数据表明，90%以上的地下工程涌突水都与岩体裂隙或断层有关。目前岩体注浆工程的设计和施工，更多地依赖技术人员的经验，缺乏合理的理论指导。尤其是在涌突水已经发生的岩体裂隙动水环境，注浆过程中浆液在动水的作用影响下，其扩散及凝固封堵机理更加复杂。注浆是隐蔽工程，工程现场无法对浆液在岩土体内部的变化现象进行直接的监测，因此，对注浆的认识和研究往往只能通过室内模拟试验来进行。

基于此，中国矿业大学资源与地球科学学院注浆研究课题组针对岩土注浆技术进行了一系列研究，包括高压压密注浆、土体动水注浆、透明土模拟注浆等。其中，课题组成员胡巍、綦建峰、湛铠渝等对动水条件下裂隙岩体注浆浆液扩散封堵规模这一研究方向作了不少探索，并取得了一些成果。本书对地下工程涌突水特征进行了分析，对动水注浆进行了工程地质分类。以此为基础，采用透明介质模拟管道和裂隙，分别进行了管道和裂隙的动水注浆封堵试验，研究了不同水头、浆液配比、动水流速等因素影响下浆液的扩散规律，并获得了动水条件下管道和裂隙介质中注浆的封堵机理、封堵条件和判据。在试验中，也发现了诸多以前未曾发现和认识的现象，如浆液注入动水瞬间的水击现象、浆液注入裂隙时的动水绕流现象等。

本书所阐述的注浆试验方法、试验思路以及获得的认识成果，为同行专家学者进一步认识岩体动水注浆以及深入研究动水注浆提供了新的思路和参考。

隋旺华

2016 年 10 月

目　　录

第1章 绪　　论

1.1 背景和意义

随着我国国民经济建设的不断发展，能源开发与交通建设需求日益增加，工程项目日趋繁多复杂。在水利、采矿、公路、铁路等工程建设中，地下工程项目越来越多。而我国地域广阔，地质地貌条件丰富多样，各种不良工程地质条件为地下工程的正常施工和运营带来诸多棘手问题。其中，工程开挖后，地表水、地下水的渗、涌、突问题颇为常见，且危害较大。无论涌水量大小，均直接或间接带来无法估量的灾难或损失。涌水量较大时，可在瞬间冲毁机器甚至造成人员伤亡。如2007年宜万铁路野三关隧道[1]工作面突水事故，一个半小时内突水量达15.1万立方米，洞内各类施工机械几近全部被冲出洞外，更导致3人死亡，7人失踪，损失惨重。当涌水量较小时，虽短期内无直接灾害性后果，但随着工程运营时间的持续，则致使地下水环境恶化，地层沉降变形，甚至进而引发工程结构的逐渐变形和破坏。如黄淮矿区众多煤矿立井井壁反复破裂、淋水，即为地层失水沉降后井筒所受竖向附加应力增加所致。突、涌水问题，频繁地出现在公路铁路隧道、矿山巷道、水电站地下厂房等各类工程建设中。面对此类工程地质灾害，岩土体注浆堵水技术可较为有效地解决该问题。

注浆，又称灌浆，是将浆液通过一定压力，注入到岩土体中，充填驱散空气、水体后凝固起来，以改善岩土体结构，起到加固、防渗的作用。在地下工程注浆堵水中，被注介质以岩体居多。与土体介质不同，岩体介质一般无法当作等效连续介质来处理。岩体中存在着多种多样的赋水通道，如孔隙、溶隙、管道、溶洞、裂隙等。如何合理、有效地在岩体中注浆，是长期以来尚未解决的技术难题，由于岩体内部构造的复杂性和多变性，给注浆理论的研究带来了很大困难。

目前，关于地下工程突涌水条件下的岩体注浆堵水研究开展得较少。在地下水不断涌入地下空间的动水条件下，注浆过程中浆液材料在岩体中的扩散和胶凝机制与静水或干燥条件相比有较大区别。地下工程涌水具有各种各样的特点，注浆的动水条件复杂多样。在工程实践中对地下工程突涌水灾害进行治理时，浆材的选择、注浆参数的选取以及注浆工程的具体实施往往是根据工程类比法来确定的，难免带有一定的盲目性和随意性，致使一些工程花费了较大代价却未达到预期效果。因此，深入了解和研究认识浆液在岩体动水环境中的扩散及封堵机理对注浆加固防渗工程的设计、注浆堵水效果预测以及提高工程质量等有重大的指导意义。

1.2　发展概况

注浆是一项实用性很强、应用范围很广的工程技术，它是用液压、气压或电化学的方法，把某些能很好地和岩土体固结的浆液注入到岩土体的孔隙、裂隙等结构中去，使岩土体成为强度高、抗渗性能好、稳定性高的新结构体从而达到改善岩土体物理力学性质的目的。

注浆技术的发展已有上百年历史。注浆技术的发明者是法国土木工程师查理斯·贝里格尼。19 世纪初，他采用注浆法修复被水流侵蚀的挡潮闸的砾砂土地基，这是在基础工程历史上第一次应用注浆技术。20 世纪初，开始出现化学注浆。在随后的 20 世纪，注浆技术的研究和应用得到了迅速发展，各种注浆材料相继问世。特别是 1960 年以来，各国大力发展新型注浆材料，注浆工艺和设备得到了空前的发展，注浆技术的应用范围越来越广[2~9]。

我国注浆技术的研究和应用较晚。20 世纪 50 年代初我国才开始起步，60 年代，我国开始研究和试用了有机高分子化学注浆材料，经过 60 年的发展，在科学研究和工程实践方面都取得了世界瞩目的丰硕成果。例如，软土地基加固、低渗透性介质的渗透注浆、高层建筑的加固纠偏、深基坑开挖的支护和防渗及大坝围堰深板桩墙帷幕技术等的广泛应用，注浆技术已遍及水利、建筑、交通、矿业、油田、文物保护等各个领域。与此同时，注浆基本理论、注浆材料和注浆工艺以及注浆设备等方面也相应地得到了较快发展。

1.2.1 注浆材料

理想的注浆材料通常应符合以下原则：①浆液黏度低、流动性好，能进入细小空隙；②浆液的凝固时间可以调节掌控，浆液一旦凝胶应在短时间内完成；③浆液无刺激性气味，不污染环境，对人体无害；④浆液对地层、注浆管路等无腐蚀性；⑤浆液黏结力强，固结后具有较好的抗拉和抗压强度；⑥浆液材料来源广泛。

(1)注浆材料的发展[10~14]

自注浆技术产生之日起，注浆材料便随着注浆技术的发展而不断变化。

1802年，法国人查理斯率先使用黏土浆液，开启了注浆的先河。此后的数十年里，浆液材料主要为黏土、火山灰、生石灰等一系列简单的材料。第一次将水泥作为注浆材料使用的是在1856年至1858年之间，由英国人基尼普尔率先使用。随后，水泥逐渐成为注浆的主要材料，并得到了广泛的应用。

化学注浆最早可以追溯到1884年，英国人Hosagood在印度利用化学药品来固砂。1920年，荷兰人尤思登开始使用水玻璃、氯化钙进行注浆，通常认为这是化学注浆的开始。在此后的二三十年内，水玻璃一直作为注浆材料在欧美各个国家得到了广泛应用。20世纪50年代，黏度接近于水、凝胶时间可以任意调控的丙烯酰胺(AM-9)在美国研制成功。随后注浆材料迎来了大发展时期，木质素类、酚醛树脂类、脲醛树脂类、丙烯酸盐类、聚氨酯类、呋喃树脂类、不饱和树脂、环氧树脂类等性能各异的化学注浆材料被不断研发出来。例如，1960年美国研制的硅酸盐和铬木素；1960年的酚醛塑料；20世纪60年代日本的丙烯酰胺类材料“东风-SS”。1974年日本福冈发生了因为注丙烯酰胺而导致的人类中毒事件，随后开始禁止使用有毒的化学注浆材料。我国化学注浆主要以水玻璃材料为主，其他化学注浆材料基本上都是20世纪50年代、60年代后开始研究，诸如丙烯酰胺、脲醛树脂、铬木素、中化-798等一系列材料。但这些材料一般都用于砂土的固结、岩基和结构裂缝的防渗和补强。

(2)注浆材料的分类及特点

经过两百多年时间的发展，注浆材料种类各异、品种繁多。总的可分为两大类，无机类注浆材料和有机类注浆材料[15]。广泛应用的注浆材料分类如图1-1所示。

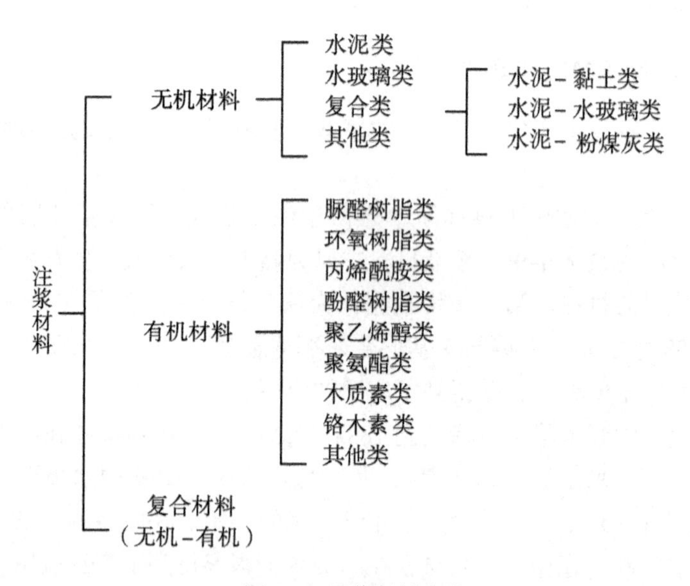

图1-1 注浆材料分类

水泥类浆材是所有注浆材料中使用最广泛、用量最大的浆材。水泥浆材具有来源广泛、价格便宜、无毒无害、固结性能好等一系列优点。水泥分为普通硅酸盐水泥、矿渣硅酸盐水泥、火山灰质硅酸盐水泥等，其中普通硅酸盐水泥在注浆工程中应用最多。纯水泥浆液水灰比(W/C)通常在0.6∶1~2∶1之间。普通水泥颗粒较大，粒径可达20μm，通常可注性不如化学浆液。实际使用时，可通过加入减阻剂、减水剂、分散剂等添加剂来改善浆液特性。

有机类化学浆液具有无机类浆液无法比拟的可注性。在注浆施工中，浆液黏度低，所需注浆压力小，浆液扩散半径大。可注入最小隙宽或粒径可达0.03mm的裂隙或土体。且浆液凝固时间通常灵活可调，堵水效果好。但该类型浆液往往价格较高，且部分浆液存在一定的毒性，易造成地下水污染或危害人体健康。

1.2.2 注浆理论

注浆理论是在水力学、流体力学、固体力学等理论基础上发展而来，主要对浆液在地层中的流动形式进行分析，建立注浆压力、流量、扩散半径、注浆时间之间的关系，用以指导注浆工程的设计和施工。随着注浆技术的广泛应用和深入研究，注浆理论也在不断地发展。目前，注浆理论主要有：渗透注浆理论、岩体裂隙注浆理论、劈裂注浆理论、压密注浆理论、动水注浆理论等。

(1)渗透注浆理论

最近几十年来，国内外学者根据地下水的动力学和流变学原理对渗透注浆进行了理论研究，发展了诸如马格理论(即球形扩散理论)、柱形扩散理论和袖套管法理论等渗透注浆理论[15][16]。其中：马格理论假定被注浆的介质为各向同性体，浆液在介质中呈均匀球形扩散，虽然它给出了注浆压力、扩散半径、注浆时间和注浆量之间的关系，但不适用于复杂工程。柱形扩散理论假定浆液向四周呈柱形扩散，并且推导出注浆压力、注浆扩散半径、注浆时间和注浆量之间的关系，但它很难运用在复杂的岩体工程中。袖套管法理论把浆液简化为牛顿流体，没考虑浆液的性质随着时间的变化对渗透规律的影响。

(2)压密注浆理论

压密注浆技术最早起源于美国，从20世纪50年代早期开始，压密注浆技术被应用于工程领域，但没有人对压密注浆的原理进行研究。1969年，Graf[17]首次提出了与压密注浆相关的基本概念，并且描述了土体压密注浆的全过程。1973年，Warner和Brownls研究了有关土体压密注浆的室内试验和工程应用情况，提出了在最弱的土层(或土体)中压密注浆的挤密效果最好。1983年，Baker[18]

等对软土地层进行压密注浆，有效控制了因隧道掘进施工引起的土体沉降变形。李向红[19]从理论分析和数值模拟及现场试验等方面对软黏土中压密注浆进行了理论探索和试验研究，但其分析中没给出注浆压力与浆泡扩散距离之间的关系，将浆泡作为刚体进行处理也值得商榷。另外，对速凝型的浆液而言，其注入的方式是在某一注浆段注入而可能不在注浆管底端注入，这时如果仍将单个浆泡假设成球体是不太合适的。

(3)劈裂注浆理论

劈裂注浆技术[20~22]目前应用比较广泛，但对劈裂注浆理论的研究相对滞后于其工程应用。劈裂注浆就是指先在弱透水性的地基中钻孔，在钻孔中施加液体压力；液体压力逐渐上升，当其超过岩土体发生劈裂的压力时，在岩土体内阻力最小的主应力面上就会发生水力劈裂。劈裂注浆是通过钻孔附近所形成的网状浆脉来加固土体。根据劈裂注浆机理模型实验研究，浆液在岩土体中的流动大致可分为：鼓泡压密阶段、劈裂流动阶段和被动土压力阶段。劈裂注浆的过程通常为先压密后劈裂的过程。W. 法墨等人(1974)对土体劈裂注浆引起的地面抬升提出了计算方法。

(4)岩体裂隙注浆理论

岩体裂隙注浆理论基本上分为牛顿浆液扩散理论和宾汉流体浆液扩散理论。对于经典的牛顿流体扩散理论研究，贝克[23](Baker, 1974)将裂隙简化为平直、光滑、等开度的平行裂隙，并假设注浆压力水头 P 和流量 Q 恒定不变，推导出了牛顿流体在裂隙内作层流运动时的关系式。郝哲[24]推导了牛顿浆液、非牛顿浆液在裂隙中的径向流、辐向流扩散公式，以及多孔注浆的相互作用关系。刘嘉材[25]根据浆液的流变特性，研究了牛顿浆液在岩基裂缝中的运动规律。石达民[26]对牛顿流体进行过实验研究，推导了浆液作一维层流时压力的变化规律。张良辉[27]根据地下水黏性阻力的影响推导了牛顿流体灌浆时间与扩散半径关系的公式。

而对于宾汉流体扩散理论来讲，宾汉流体是典型的塑性流体，它比牛顿流体具有更高的流动阻力，只有提高注浆压力才能使宾汉流体达到更大的扩散距离。Wallner[28]、Amadei[29]等人相继推导了宾汉流体在裂隙中的流动规律。我国学者杨晓东[30]等人也进行了宾汉流体的扩散研究并取得了一些成果。这些扩散理论能否可靠地指导工程实践，主要取决于对岩体中结构面调查的可靠程度，而结构面几何参数的密度概率模型难以准确确定。

(5)动水注浆理论

动水是指水体在一定规模的含水地质构造中进行的不符合广义达西定律的流动。矿山、隧道的涌水治理中，多数为高压、高流速、大流量的动水注浆治理。在这种条件下，以前建立在达西定律基础上注浆理论与实际出入较大，所得出的结论无法为动水注浆的设计和施工提供可靠的理论依据。

动水注浆的研究主要是从孔隙介质注浆开始的，Karol[31]发现地下动水对土体化学注浆两个主要影响：一是地下水对浆液的替换作用，二是对浆液扩散形状的改变。任志昌[32]从理论上推导了浆液在砂土中的扩散，认为动水作用下孔隙介质中浆液形成了一系列顺水流方向移动且半径增加的圆周扩散前缘。Krizek[33]等人通过试验研究了给定地下动水条件下的最优浆液胶凝时间，同时研究了在多孔介质中化学注浆封堵耐久性，建立了渗流速度与胶凝时间的关系曲线。王档良[34]通过试验和数值模拟研究了多孔介质动水条件下的浆液扩散和运移规律，建立了动水条件下砂土中化学注浆扩散模型。近年来，动水裂隙注浆的研究逐渐引起大家的关注。湛铠瑜[35]等人建立了考虑动水流速的计算裂隙浆液扩散距离的数学公式，其可靠性得到了试验验证。张改玲[36][37]对比研究了在静水和动水中化学注浆浆液的扩散规律，试验发现静水中浆液扩散为以注浆孔为中心逐渐扩大的圆形，而在动水中浆液扩散为不断变化着的椭圆形。李术才[38]等人通过一系列动水条件下裂隙水泥注浆试验，发现浆液呈 U 形分层扩散现象。

1.2.3 岩体注浆模拟试验

(1)室内模型试验研究现状

注浆工程中注浆参数的选取至关重要。围绕着注浆参数的选取，国内外开展了一系列的注浆模拟试验，试图建立各注浆参数或注浆施工控制参数之间的内在关系，并且也得到了一些注浆参数的经验公式，但是这些试验基本上是在散体或单岩体裂隙模型的基础上进行的，忽略了岩体结构的复杂性和浆液流动性能变化的影响，因而和实际工程有较大的出入。

奥地利学者进行了单裂隙中浆液流动过程的模拟试验。试验中分别构造了三种不同的裂隙：第一种裂隙是将浇筑好混凝土块体用一定方法进行劈裂，然后对劈裂的混凝土裂隙进行注浆模拟研究，建立注浆流量、注浆压力及渗透距离之间的关系；第二种则利用两块混凝土模块进行组合拼接，以模拟裂隙。并在模块上钻孔，然后注浆，研究不同隙宽时注浆流量、注浆压力和浆液黏度之间的关系；第三种用钢板拼接裂隙，并在给定的粗糙度下进行注浆，分析裂隙粗糙度对注浆流量与扩散范围的影响作用规律[39][40]。

中国水利水电科学研究院进行了水平平板裂隙的注浆试验。根据试验提出了水平光滑裂隙面内牛顿流体的扩散方程，得出了扩散半径与注浆压力、浆液黏度及注浆时间之间的关系[41]。

此外，还有Bezuijen[42]、Bolisetti[43]、李术才[44]等学者在岩体注浆的物理模型试验上做出了一系列研究和贡献。

(2)数值模拟试验

在岩体注浆的数值模拟试验方面，也取得了不少研究成果。

Hässler[45]等人较早研究了简单条件下的岩体裂隙注浆数值模拟试验，其假设浆液为牛顿浆液，裂隙为光滑等宽。

日本学者Kiyoshi[46][47]进行了单一裂隙的注浆数值模拟试验，研究了注浆过程中单裂隙压力场变化情况。

阮文军[48]建立了稳定浆液在裂隙中的扩散模型，并以此为基础开发了计算机程序模拟浆液扩散过程。该程序反映了浆液黏度、裂隙等效水力半径、裂隙倾角、注浆压力、地下水静水压力等因素对注浆扩散范围的影响规律。最后通过工程实例对其进行了验证。

罗平平[49][50]考虑了裂隙几何形状对浆液扩散规律的影响，利用多重分数布朗运动(MBM)分形理论构建出了四种不同规则维数下的随机隙宽单裂隙几何模型，并进行了计算机数值模拟分析。

郝哲[51]等人利用蒙特卡洛(Monte-Carlo)法模拟岩体裂隙分布，根据山东莱芜铁矿谷家台矿区现场注浆实践，编制开发出一套反映裂隙岩体中注浆扩散情况的计算机模拟程序。

1.3 注浆技术研究存在的问题及发展方向

虽然注浆技术已在我国矿山、隧道、土木等工程领域得到了广泛的应用，注浆理论的研究也取得了不少研究成果，但是仍然还存在一些问题和一些有待深入研究的方向：

①注浆理论的发展仍严重落后于注浆技术的工程实践。没有建立符合实际工程地质条件及施工条件的数学模型，理论研究对空隙结构特征、注浆压力、浆液性质等的考虑分析过于简单。

②复杂地质条件下动水环境对注浆浆液扩散和封堵效果的影响、浆液和岩体之间的相互作用机理等仍然缺乏明确的认识。特别是对黏时变浆液在裂隙动水环境下的扩散、凝固和封堵过程及机理，裂隙动水以及水砂混合流注浆浆液留存和封堵判据等关键科学问题仍亟待探索研究。

③对岩体注浆的研究目前主要集中在裂隙这一空隙结构类型上。而很多情况下的岩体注浆，不全是在裂隙中进行，还有溶孔、溶管、溶穴，甚至地下井巷等。开展其他岩体空隙结构类型的注浆研究意义重大。

④注浆监测系统开发仍不够完善，对注浆过程各指标、注浆效果检验评价仍缺乏全面、准确、智能、有效的监测、检测手段和方法，需进一步研发创新。

第 2 章　岩体涌突水及注浆水力学特征

2.1 概述

地下工程建造和运营中的涌水问题长期以来都是现场工作人员、科研学者等重点关注的地质灾害问题。涌水现象的发生不仅严重威胁着人民生命安全和工程建设，造成巨大经济财产损失，而且还破坏地下水系统平衡，导致地下水流失或污染，区域生态环境恶化。随着地下建筑的深部发展，涌水现象的出现越发频繁，且以岩体介质涌水为主。利用注浆手段处理突涌水是最常用的水害治理方案之一。对岩体进行注浆时，需要综合全面地考虑注浆参数(压力、流量等)、注浆材料、注浆对象等多种因素。但在现场实际注浆工作中，尤其是在动水条件下注浆时，工作人员往往忽略了对注浆对象的研究。由于对岩体内部渗流通道特征、岩体涌水水力学行为等认识不足，以致对注浆方案、注浆工艺的选择带有一定的主观性和盲目性，最终甚至导致注浆堵水工作失败，浪费大量人力、财力和宝贵时间。

本章地下工程岩体涌水类型从不同的侧重点进行划分；并阐述了地下水所赋存和运移的岩体空隙介质类型，分析了理想情况下地下水在裂隙岩体介质和管道岩体介质通道中的基本流动规律；最后，构建了常见涌水的水力学概化模型和常见注浆工程地质模型，以便于后文注浆扩散封堵规律的继续研究。

2.2 地下水渗流研究发展概况

地下水渗流是指地下水在岩土体空隙中的运动。岩土体空隙包括孔隙、裂隙、岩溶管道等多种形式。

地下水运动的计算，从19世纪中叶开始。1856年，达西通过渗流试验提出了水在多孔介质中运动的渗流定律——达西定律。1863年，裘布依以达西定律为基础，研究了一维和径向二维流的稳定运动。此后地下水稳定流的研究成为了地下水运动的重要内容。1935年，泰斯提出了地下水流向承压井的非稳定流公式，开创了研究地下水运动的新纪元，非稳定流的求解计算得到迅速发展。紧随之，越流理论、潜水含水层非稳定流理论等相继得到发展。20 世纪五六十年代，学者们开始应用各种模拟技术来解决复杂的水文地质问题。60 年代后，随着计算机技术的进步，地下水的计算机数值模拟技术开始不断发展、应用和成熟[52][53][54]。

目前，对地下水渗流问题仍是基于等效连续介质理论按达西定律进行分析。对于研究范围内无法考虑成等效连续介质的岩体空隙，如裂隙、岩溶管道等，是现阶段及未来研究的重心。

由于介质类型不同，岩体的渗流规律不完全等同于土体的渗流。在岩体渗流的分析研究上，目前发展了较多的渗流模型。但总体而言，各种模型主要是沿两个方向发展起来的，即裂隙-孔隙双重介质模型和非双重介质模型。前者考虑了岩体中裂隙系统和岩块孔隙系统之间的水交替过程，后者则忽略了两类系统的水交替过程[55]。

根据水交替方程的建立方法，又可将裂隙-孔隙双重介质模型分为拟稳态流模型和非稳态流模型。非双重介质模型则包括等效连续介质模型、离散裂隙网络模型、等效离散耦合模型等[56]。

由于岩体内空隙结构的复杂性、隐蔽性，岩体的渗流问题研究比较艰难。目前甚至很多基础性问题也仍未认识清楚。如裂隙渗流的基本特性、岩体渗流应力耦合特性等。因此，岩体渗流规律的研究任重道远。

2.3　岩体涌水类型划分及基本要素

2.3.1　涌水类型划分

在地下水位以下岩土体中采矿、开挖基坑或地下洞室时，地下水不断流入场地的现象称为涌水。量大、势猛、集中且突发的涌水，称为突水，危害性极大。突水有时也称为透水。在隧道、矿井巷道、采掘工作面顶板或侧帮，量小、分散、持续、呈下雨状的涌水，有时也称之为淋水。

地下工程涌水类型的划分与判定是开展工程治理工作的基础，根据不同的行业，不同工作需要，涌水有多种不同的划分方式。在进行地下建筑工程水害分析时，涌水水源、涌水通道及涌水量大小通常是生产活动中主要关注的内容。因此，对地下工程涌水，可以进行以下划分：

根据直接涌水水源，可分为：①地表水涌水；②第四系松散层涌水；③裂隙含水层涌水；④岩溶管道裂隙含水层涌水；⑤其他：老采空区积水涌水等。

对于单个突水点，按照每小时突水量 Q 的大小，将突水点划分为小突水点、中等突水点、大突水点、特大突水点这四个等级[57]：①小突水点：$Q\leqslant 60\mathrm{m^3/h}$；②中等突水点：$60\mathrm{m^3/h}<Q\leqslant 600\mathrm{m^3/h}$；③大突水点：$600\mathrm{m^3/h}<Q\leqslant 1800\mathrm{m^3/h}$；④特大突水点：$Q>1800\mathrm{m^3/h}$。

治理地下工程水害时，对围岩涌水通道直接进行注浆封堵是最为常见的处理方案。岩体主要涌水通道亦为浆液扩散运移通道，是注浆研究中的基本研究对象之一。无论是直接揭露含水层，还是揭露沟通含水层的通道涌水，根据围岩附近地下水的直接涌出通道，对工程涌水可进行如下划分：

(1)围岩裂隙(裂隙-孔隙)涌水

岩体裂隙是地下水渗流的常见通道。根据裂隙的地质成因，可分为原生裂隙、构造裂隙、次生裂隙。原生裂隙通常具有较高的黏结力和强度，导水性较差。构造裂隙和次生裂隙则构成了岩体中地下水赋存及渗流的主要通道。次生裂隙又可分为风化裂隙、卸荷裂隙及工程扰动裂隙等。地下工程开挖直接揭露裂隙含水层时，往往出现围岩涌水现象。同时，开挖活动改变了地下岩体的原始应力状态，破坏了应力平衡，形成扰动裂隙。扰动裂隙一般具有较好导水性，直接由开挖临空面向围岩内部延伸，形成地下水涌出的直接通道。若导水裂隙沟通富水性强的含水层时，突水量较大，危害严重。

(2)断层破碎带涌水

断层通常发育有由构造岩组成的构造破碎带，在地下水的作用下，有的已经泥化或已变成软弱夹层。多数断层有厚度不等、性质各异的充填物。断层破碎带规模大小不一。按导水性状况，可分为导水断层和不导水断层。断层带易突水的部位一般是断裂带收敛部位、大断层分叉处、断层尖灭点附近、断层交汇部位或断层弯曲剧烈部位。断层的存在沟通增强了各含水层之间的水力联系。此时，若工程开挖揭露断层带时，易发生突涌水事故。有时即便是不导水断层，在工程活动的作用下，由于地应力场的改变及地下岩体结构的变化，断层性质发生变化，逐渐变为导水性断层，导致地下空间突涌水。

(3)岩溶构造涌水

可溶岩岩溶裂隙含水层富水性不均一，与岩溶发育强度有关，但相较于其他裂隙含水层，含水丰富且水动力条件良好。岩溶水的赋存空隙包括溶隙、溶管、溶洞、地下暗河、岩溶陷落柱等。若直接揭露岩溶构造，涌水量较大，尤其是揭穿高压岩溶管道水(地下暗河、岩溶陷落柱)时，造成大的突水事故。地下暗河常见于我国西南部，且规模巨大。暗河的空间分布受岩性、地质构造和排水基准面的控制。在地层褶皱的轴部、裂隙和断裂部位、可溶岩同非可溶岩的接触处和排水基准面附近常发育暗河。岩溶陷落柱常见于我国华北煤田[58]，经过地下水不断的物理、化学作用，奥陶统灰岩形成大量较大的岩溶空洞。在时间和上覆岩土层的重力作用下，空洞溃塌并被上覆岩层下陷填实，塌落的破碎岩块充填的柱状岩溶陷落柱像一导水管道沟通了煤系充水含水层中地下水与中奥陶统灰岩水的联系。在煤田开采中，岩溶陷落柱作为特殊的矿井涌水通道，是威胁煤矿安全生产的重大隐患。

(4)封闭不良钻孔涌水

由于钻孔封闭不良，可使含水层之间产生水力联系，变成人为导水通道。当隧道或采区工作面经过存在封孔质量问题的钻孔时，含水层地下水将沿着钻孔进入地下空间，造成涌突水事故。

2.3.2 涌水构成的基本要素

通过分析已有记录且可查阅的涌突水事件，可以归纳得出，一次涌突水事故通常具备三个基本要素：涌水水源、涌水通道、涌入空间。

如前述涌水类型划分中所述，涌水水源有地表水、承压含水层水、老空水等；涌水通道则有断层破碎带、围岩裂隙、岩溶管道等；涌入空间即地下开挖工程，如矿井巷道、地下厂房、交通隧道等。

有些情况下，涌水水源同时本身也是涌水通道。如巷道或立井直接穿越某裂隙含水层时，隧道涌水水源和涌水通道都可认为是该裂隙含水层，如图 2-1 所示；有些则涌水水源和通道区分明显，如煤矿底板扰动裂隙突水，如图 2-2 所示。

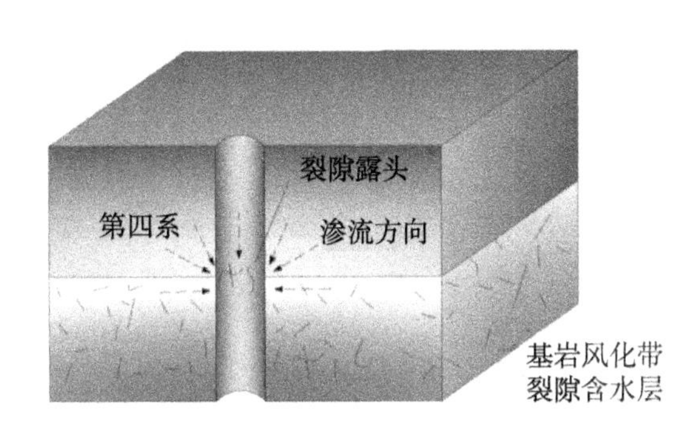

图 2-1　立井裂隙含水层涌水

涌水时地下水流场主要表现为两种：汇流型和平流型，如图 2-3 所示。

汇流型：地下水的流线向涌水点汇集，在靠近涌水点处，水力梯度一般由小变大。

平流型：地下水流线通常相互平行，水力梯度在近涌水端一般较大，在远涌水端变化较为平稳。此类流网的涌水通道常为狭长

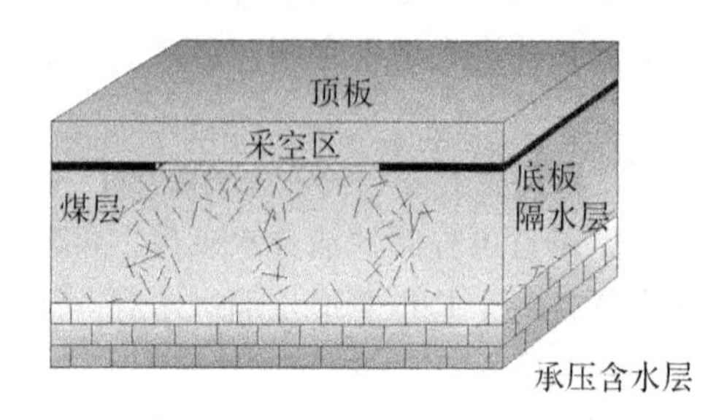

图 2-2　底板扰动裂隙突水

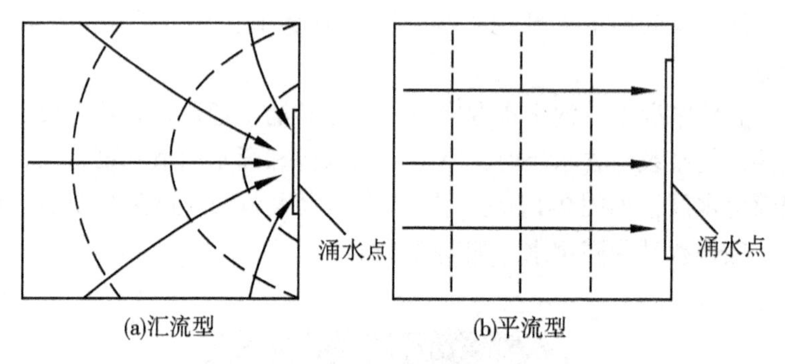

图 2-3　涌水流场示意图

形，存在有限不透水边界，涌水通道全断面被完全揭露或连通后形成。

2.4　岩体空隙结构及渗流特征

岩体空隙是地下水赋存和运移的通道，根据空隙的表现形式，可将岩体中的空隙结构模型主要分为以下几类：裂隙网络结构、孔隙-裂隙双重介质结构、孔洞-裂隙双重介质结构、溶隙-管道双重介质结构等。

岩体的空隙结构分类，是岩体渗流研究、注浆浆液扩散和封堵机理研究的基础。其中，裂隙网络结构及溶隙-管道双重结构应用最为广泛。对于非可溶性岩体，一般按裂隙网络结构介质考虑；对于岩溶问题，当岩溶以溶隙为主时，可按裂隙渗流模型考虑。当岩溶发育，存在溶隙和岩溶管道时，则可建立溶隙-管道渗流模型进行分析。

在研究岩体注浆的扩散封堵问题时，本书将被注岩体空隙按裂隙及管道模型进行考虑分析。

2.4.1　裂隙流基础问题分析

(1) 单裂隙渗流问题

单一裂隙中的水流运动规律是研究裂隙网络渗流的基础。可将裂隙抽象为最简单的平板模型：假设一无限长水平平板，板间距为 h，流体以速度 u 在板间做恒定流动，如图 2-4 所示。

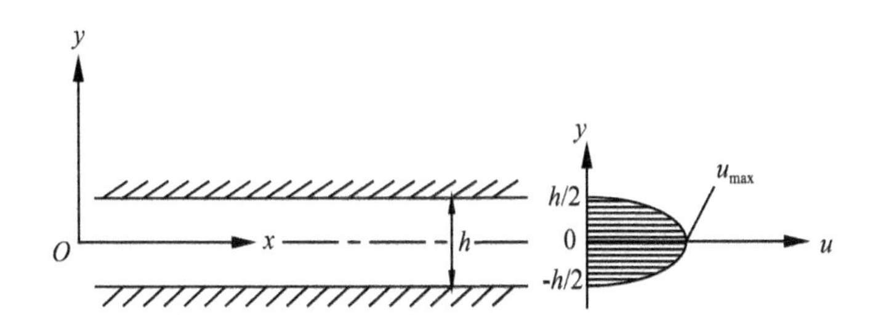

图 2-4　平板流示意图

由 N-S 方程和连续性方程，可得

$$-\frac{1}{\rho}\frac{\partial p}{\partial x}+\frac{\mu}{\rho}\left(\frac{\partial^2 u_x}{\partial x^2}+\frac{\partial^2 u_x}{\partial y^2}\right)=u_x\frac{\partial u_x}{\partial x}+u_y\frac{\partial u_x}{\partial y} \tag{2-1}$$

$$-\frac{1}{\rho}\frac{\partial p}{\partial y}+\frac{\mu}{\rho}\left(\frac{\partial^2 u_y}{\partial x^2}+\frac{\partial^2 u_y}{\partial y^2}\right)=u_x\frac{\partial u_y}{\partial x}+u_y\frac{\partial u_y}{\partial y} \tag{2-2}$$

$$\frac{\partial u_x}{\partial x}+\frac{\partial u_y}{\partial y}=0 \tag{2-3}$$

式中，p 为流体压应力；ρ 为流体密度；μ 为流体动力黏度；u_x 为流体在 x 方向的流动速度；u_y 为流体在 y 方向的流动速度。

因为是一维流动，所以

$$u_x = u,\ u_y = 0 \tag{2-4}$$

根据边界条件，当 $y = \pm\frac{h}{2}$，$u = 0$，并联立公式(2-1)、(2-2)、(2-3)、(2-4)，可得

$$u = -\frac{1}{2\mu}\frac{\mathrm{d}p}{\mathrm{d}x}\left(\frac{h^2}{4} - y^2\right) \tag{2-5}$$

该式说明速度 u 在 y 轴上呈抛物线分布，且 $y=0$ 时，速度最大。则

$$u_{\max} = -\frac{h^2}{8\mu}\frac{\mathrm{d}p}{\mathrm{d}x} \tag{2-6}$$

这种流动由压力梯度引起，称为泊肃叶(Posieuille)流动。此时，单宽流量

$$q = \int_{-\frac{h}{2}}^{\frac{h}{2}} u\mathrm{d}y = -\frac{h^3}{12\mu}\frac{\mathrm{d}p}{\mathrm{d}x} = J\frac{\gamma h^3}{12\mu} \tag{2-7}$$

式中，J 为裂隙水流水力梯度。

上式即为裂隙水流立方定律。

实际情况下，岩体裂隙的隙宽、粗糙度、充填物情况及应力状态等都是变化的。平行板模型及立方定律使用简单方便，具有一定的优势。因此，在实际情况中，往往对其进行修正以满足需要。

(2) 裂隙网络渗流问题

在研究裂隙岩体渗流规律时，通常可以建立三种不同的渗流模型进行分析[59]：①等效连续体模型；②离散裂隙网络模型；③上述两者的混合模型。在选用模型进行工程水文地质研究时，应该分门别类地根据研究区域的特点及实际工程需要来选择。

等效连续介质模型是目前研究和应用相对比较成熟的地下水动力学分析模型。在研究区域内，当分析考虑范围大于表征单元体尺寸时，可将该范围岩体视为等效连续介质来研究。研究表明，表征单元体是普遍存在的。在等效连续介质研究范围内，裂隙岩体介质表现出与连续孔隙介质相似的渗透特点。因此，该模型在应用时仅

需考虑等效渗透系数、渗透张量、有效孔隙度等水文地质参数即可。

对于不存在表征单元体(REV, representative elementary volume)或表征单元体尺寸太大的研究区域，等效连续介质模型无法得以运用。因此，不少研究工作使用离散裂隙网络介质模型来分析岩体渗流力学行为。在研究中，一般忽略岩块的渗透性，认为地下水全部在裂隙中流动。离散裂隙网络模型进行一定简化，分析裂隙网络节点，离散裂隙模型渗流控制方程可表示为[56]：

$$\frac{\partial}{\partial x'}\left[K_{x'}\frac{\partial P}{\partial x'}\right]+\frac{\partial}{\partial y'}\left[K_{y'}\frac{\partial P}{\partial y}\right]=S\frac{\partial P}{\partial t}+W \tag{2-8}$$

式中，x'，y'为局部坐标轴；$K_{x'}$，$K_{y'}$为沿x'，y'轴的主渗透系数；P为水压力；S为储水系数；W为汇源项。

若考虑裂隙变形耦合作用，裂隙渗透系数可表示为

$$K_{x'}=K_{y'}=-\frac{g}{12\mu}(b-\delta_n)^3 \tag{2-9}$$

式中，δ_n为裂隙法向变形；μ为水的运动黏滞系数；b为裂隙初始厚度。

用离散渗流模型理论对裂隙网络渗流的计算求解复杂耗时，工程实际应用较少。裂隙岩体的渗流问题是一个复杂的过程，它和传统的孔隙介质渗流机制有着本质的区别。目前，各种模型均无法真正完美地解决工程实际的渗流问题。相较之下，等效连续介质模型应用相对成熟和广泛。根据天然裂隙系统的特征和发育规律，了解其内在渗流机制，还有待于进一步研究。

2.4.2 管道流基础问题分析

在岩溶含水层中，当岩溶发育程度高、规模大时，由于地下水的长期溶蚀使原有岩体裂隙形成岩溶管道、溶穴、溶洞。就溶管而言，从地下水运移空隙形态而言，水的管道流与裂隙流有相似之处，也有不同的特点。岩溶管道过水断面形状、方向、弯转程度不一。这里考虑基本情况，对层流单一管道有压恒定流进行分析说明。

如图 2-5 所示，根据管道均匀流基本方程，在管壁处切应力为

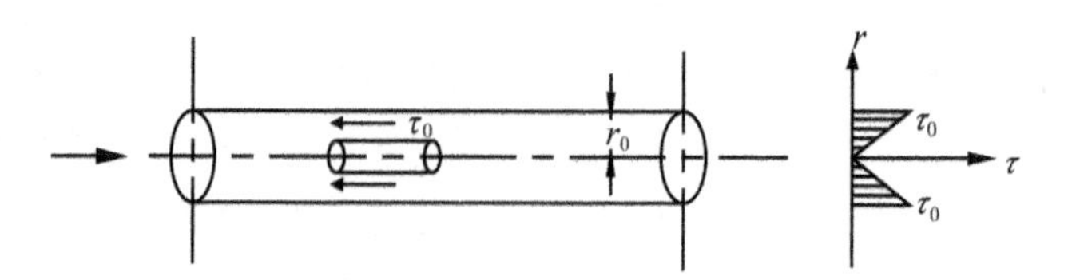

图 2-5　管道渗流分析示意图

$$\tau_0 = \rho g \frac{r}{2} J \tag{2-10}$$

根据牛顿内摩擦定律

$$-\mu \frac{\mathrm{d}u}{\mathrm{d}r} = \rho g \cdot \frac{r}{2} \cdot J \tag{2-11}$$

在管壁处，流速为 0，以此为边界条件，整理得

$$u = -\frac{\gamma J}{4\mu}(r_0^2 - r^2) \tag{2-12}$$

因此，在圆管中，液体流速为一抛物线旋转面，在中轴位置流速最大。圆管平均流速为：

$$v = \frac{Q}{A} = \frac{\rho g J}{8\mu} r_0^2 \tag{2-13}$$

通过公式变换，水力梯度可写为：

$$J = \frac{8\mu v}{\rho g r_0^2} \tag{2-14}$$

浆液或水在管道中的流动均可利用均匀流基本方程进行解析。

2.5　岩体可注性

岩体可注(灌)性主要受岩体渗透性和注浆材料性质两方面因素影响。

(1)岩体渗透性

一般认为，岩体渗透性越好，浆液的可注入性就越好。

在水利水电行业，主要通过常规压水试验对岩体渗透性进行分析，对于浅表部岩体由于受风化、卸荷影响，岩体透水性大，也可采用试坑或钻孔注水试验。压水试验是用栓塞将钻孔隔离出一定长度的孔段，并向该孔段压水，根据压力 P 与流量 Q 的关系确定岩体渗透特性的一种原位渗透试验。通过压水试验获得岩体透水率(即吕荣值)对岩体渗透性进行评价，岩体渗透性等级划分见表2-1[60]。

表 2-1 **岩体渗透性分级**

渗透性等级	透水率 q(Lu)	岩体特性
极微透水	$q<0.1$	完整岩体，含等价开度小于 0.025mm 裂隙的岩体
微透水	$0.1\leq q<1$	含等价开度小于 0.025~0.05mm 裂隙的岩体
弱透水	$1\leq q<10$	含等价开度小于 0.05~0.1mm 裂隙的岩体
中等透水	$10\leq q<100$	含等价开度小于 0.1~0.5mm 裂隙的岩体
强透水 极强透水	$q\geq 100$	含等价开度小于 0.5~2.5mm 裂隙的岩体

岩体透水率由以下公式计算得到

$$q = \frac{Q}{LP} \tag{2-15}$$

式中，q 为钻孔压水试段的岩体透水率；Q 为压水流量；P 为试段压力；L 为试段长度。

根据压水试验成果，可对坝基裂隙岩体的渗透性做出定性分析和评价，并可提出防渗处理建议，例如：坝高大于 100m 时，以 q 值 1~3 Lu 界定相对隔水层；坝高 100~50m 时，以 q 值 3~5 Lu 界定相对隔水层；坝高小于 50m 时，q 值可为 5 Lu。

(2)注浆材料性质

事实上，岩体的可注性与岩体的透水率并不一定呈比例关系。例如，有研究发现，宽度为0.1 mm的裂隙，透水率几乎达到5 Lu。而这种宽度的裂隙对水泥浆液来说几乎是不可注入的。水泥浆液是具有黏性的颗粒状流体，颗粒大小决定了浆液的可注入性。部分学者提出用可灌比来描述岩体的可注入性，如Mitchell(1970)提出[61]

$$GR=\frac{D_f}{D_{\max}}$$

式中，GR为可灌比；D_f为岩体裂隙宽度；$D_{\max}$为浆液材料最大颗粒直径。对于裂隙岩体介质，Mitchell认为，只有GR大于等于3，才能保证灌浆成功。

化学浆液通常为真溶液，分散系中粒子直径小于1 nm，因此，化学浆液具有更好的可注入性。

2.6　常见动水注浆工程地质模型及特征

注浆的分类较多，不同侧重点分类的作用是为了方便特定目标的研究工作。工程中动水条件下注浆，动水条件是需重点考虑的因素。根据前述涌水水力学特征分析，距涌水点距离不同，动水压力、流速等条件各不相同。因此，以地下工程涌突水注浆封堵研究为侧重点，按照动水条件及被注介质空隙类型，可概化出以下几类常见的注浆工程地质模型。

(1)浅孔裂隙(或小型溶管)注浆堵水

在靠近涌水点位置进行注浆，“针锋相对”进行封堵处理，效果直接、明显、易于操控，如图2-6所示。出水点附近，由于靠近开挖临空面，岩体应力一般较小，岩体裂隙相对发育且隙宽偏大，具有较好的渗透性，有利于浆液的注入；靠近涌水点时，单点涌水有效过水断面面积一般较小，因此注浆量相对较小，注浆效率较高。

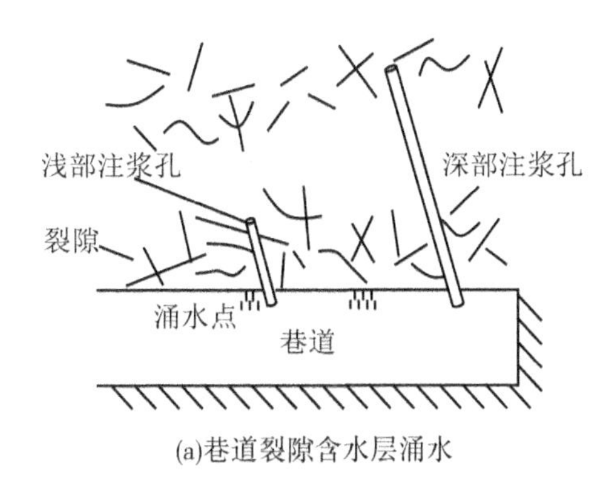

(a)巷道裂隙含水层涌水

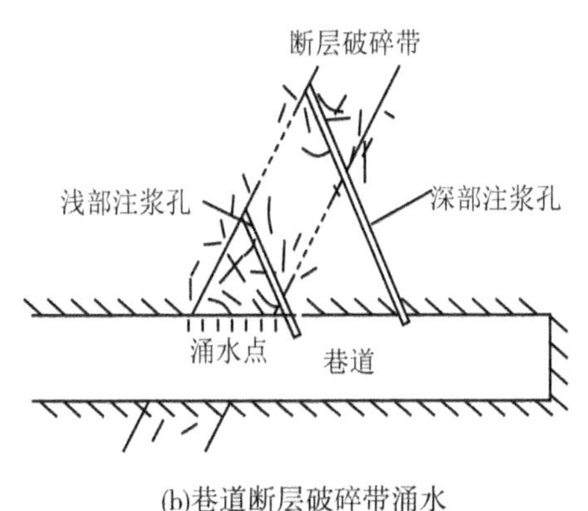

(b)巷道断层破碎带涌水

图 2-6 深、浅部裂隙注浆模型示意图

注浆时，动水压力小。但由于靠近涌水端，水力梯度大，总过水断面通常越来越小，在流量一定的情况下，水流速度相对增大。此外，靠近涌水点时浆液沿流向可扩散距离较短，易出现漏浆跑浆现象，不利于注浆浆液留存封堵。同时，围岩附近岩体稳定性较差，注浆作用易对围岩造成破坏。若成功封堵，注浆后围岩形成浅部帷幕，含水层静水压力直接施压其上，也不利于围岩稳定。

工程实例 1：安徽宿州钱营孜煤矿副井基岩段破壁注浆堵水

安徽宿州钱营孜煤矿副井反复出现井壁破裂涌水现象。井壁破裂由地层失水沉降引起的井壁附加应力所导致，井壁破裂位置多集中在松散层与基岩交界面附近。2010 年，该副井基岩段位置涌水量增加至 10m^3/h。主要涌水段围岩为二叠系上部砂岩风化裂隙含水层，该含水层富水性较弱。[62]

对该井筒段位进行壁后化学注浆，段高 290～340m 处共施工 56 个注浆孔，分为 7 排，每排 8 孔，孔深 3m。对个别的大出水点进行顶水注浆。考虑到井壁的承压能力，注浆压力控制为静水压力的 2～3 倍，终孔压力不大于 4MPa。

注浆施工结束后，井筒涌水量降低到 0.32m^3/h，堵水率达 96.8%，达到预期效果。

(2)深孔裂隙(或小型溶管)注浆堵水

与浅孔注浆特征相反，深部岩体远离地下开挖空间，岩体应力较大。通常情况下，岩体空隙渗透性较差，浆液可注性亦不如地下空间围岩扰动裂隙。且深部岩体有效过水断面范围及位置不易准确确定，不利于注浆工作的开展。但深孔注浆具备下列优点：可承受注浆压力较大，浆液沿流向可扩散距离大，减小了注浆或封堵后水压力对围岩的破坏等。

工程实例 2：宜万铁路齐岳山隧道高压水帷幕注浆

宜万铁路(宜昌到万州)穿越喀斯特地貌地区，该区广泛分布岩溶、滑坡、断层破碎带、崩塌等不良工程地质条件，被称为“筑路禁区”。其中齐岳山掘进过程中，隧道前方为中厚层石英砂岩，隧道纵向局部竖向间隔性夹页岩、煤线地层。2005 年 8 月，地质超前深孔钻探孔涌水量达 10～500m^3/h，水压达 2～3MPa，为高压裂隙水[63]。隧道涌水如图 2-7 所示。

对隧道进行全断面帷幕注浆，浆液选用纯水泥浆液、水泥-水玻璃双浆液。考虑到高水压、高速动水条件以及围岩状况，进行深孔注浆，孔深达 30m。共计 141 个注浆孔，终孔间距 2.2～2.6m。注浆过程中，水量大于 30m^3/h 时立即注浆，水量小于 30m^3/h 时分段注浆，分段长度 5m。

注浆结束后，根据开挖揭露地层情况看，浆液有效地充填了裂隙，起到了良好的堵水效果，隧道延米涌水量降低为 4.9 L/min · m。

图 2-7 齐岳山隧道涌水

(3)深孔大型管道孔洞注浆堵水

岩溶构造涌水时，涌水量大，破坏力强，易导致淹井事故。一旦发生淹井只能通过地面注浆的方式进行注浆堵水，如图 2-8 所示。这种堵水难度一般较大。涌水时，溶管或孔洞断面水力半径远远大于裂隙或孔隙，地下水流量大，且动水压力及封堵后水源静水压力大，不利于浆液注入后的留存凝固。实际工程中，通常充填重度大的块状物，变管流为渗流后再进行注浆封堵。

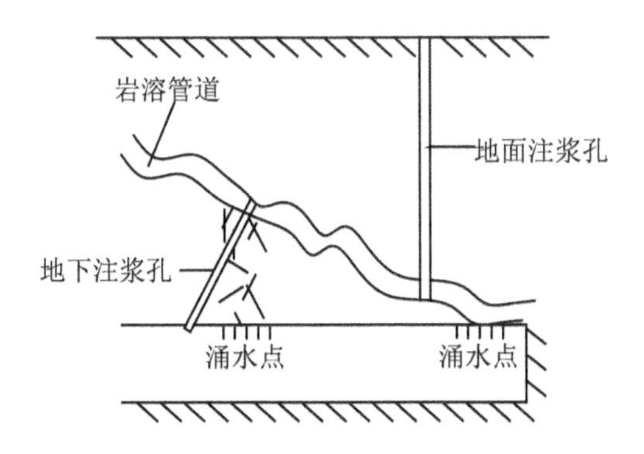

图 2-8 岩溶管道孔洞注浆堵水

工程实例 3：肥城国庄矿底板突水注浆治理

肥城矿区是全国知名的大水矿区。煤层开采受到底板徐家庄灰岩和奥陶系灰岩承压水的严重威胁。2002 年 12 月 19 日，一条隐伏断层在工作面被突然揭露，且开始出水。多日后水量突然增大导致淹井，最大涌水量达到 16540m³/h[64]。

本次突水水源为太原组第五层石灰岩及奥陶系石灰岩岩溶裂隙含水层，突水通道即为揭露的断层破碎带。采用“截流堵源”的方案进行注浆治理。该注浆堵水工程中，有以下特点：井下水闸墙漏水量达 2202m³/h，形成了大流量的动水条件；突水主通道难以确定；岩溶裂隙含水层空隙规模大，在动水条件下难以实现封堵。

实际注浆时，对于水量大、空隙空间大的注浆孔，先下骨料充填，减缓流速，变管流为渗流后，再注入水泥-水玻璃浆液进行彻底封堵。整个治理工程共施工 16 个注浆孔，消耗水泥 6783 t，水玻璃 3561 t，石子 1462 m³，砂 506 m³，海带 1130 kg，锯末 2702 kg。

注浆结束后，经排水验证，水源及突水点被完全封堵。封堵效果达 100%。

以上三类为一般地下工程中常见的注浆堵水工程地质模型，其各具特点，应分门别类对其注浆封堵机理进行研究。本书主要以浅孔注浆为背景对浆液扩散和封堵机制进行分析研究。

2.7　相似理论及相似判据

2.7.1　相似概念

所谓模型通常是指与原型有相同运动规律、各运动参量存在固定比例关系的缩小物。相似理论则是联系模型与原型的理论，是进行试验的理论依据，也是对实际问题进行分析的理论手段。

与流体运动相关的物理量，包括长度、面积、体积等，还有表征流体运动状态的物理量（速度、加速度）和表征流体动力的动力学量（作用力）。因此，流体的力学相似体现在以下四个方面：

①几何相似：指原型和模型两个流动流场的几何形状相似，即两个流场相应的线段长度成一定比例，相应的夹角相等。几何相似是模型试验的前提，只有在几何相似的流动中，才可能存在相应点，才可能进一步探讨相应点上物理量的相似问题。

②运动相似：指两流场中对应点的速度及加速度方向相同，速度大小及加速度大小成比例。

③动力相似：指两流场中对应点处所受的各种作用力(如黏滞力、重力、压力等)方向相同，大小成比例。

④边界条件和初始条件相似：边界条件相似指两个流动有相同性质的边界。对于非恒定流，还需有相似的初始条件。

2.7.2 相似准则

岩体裂隙动水注浆过程中，浆液在岩体裂隙动水空间中的运动，是岩土体、地下动水及浆液流体相互作用的过程。从流体的角度考虑，浆液不同于水的黏滞性、流变性等特性，注浆过程实际上是浆液和动水两种流体在岩体裂隙中的复杂流动，若研究裂隙空间中浆液流体的流动特点，应需考虑流体运动模型(流体力学模型)的相似准则；从渗流的角度考虑，注浆过程是在注浆压力和水头压力作用下浆液在岩体裂隙中的渗流运动，若应用渗流理论来研究，应考虑渗流运动模型(水文地质模型)的相似准则[65]。

进行模型试验时，首先要满足几何相似。其次要实现动力相似，它是决定两个流动运动相似的保证或者说是保证因素。作用在两个流动相应点处支点所受的各种作用力应维持一定的比例关系，即各种作用力的比例尺要满足一定的约束关系，将这种约束关系称为相似准则。

根据牛顿相似准则，即牛顿普遍性相似原理，两个流动的牛顿数 Ne 应相等。但在模型试验中，这是难以做到的。一般在模型试验中，根据具体情况，只需保证主要作用力满足相似条件，而忽略次要准数的相等，即可满足实际问题需要的精度。

(1)黏滞力(雷诺)相似准则

当黏滞力起主导作用时，根据牛顿相似准则和牛顿内摩擦定律，黏滞力相似准则可写为

$$(Re)_{\mathrm{p}} = (Re)_{\mathrm{m}} \tag{2-16}$$

或

$$\frac{v_{\mathrm{p}} l_{\mathrm{p}}}{\upsilon_{\mathrm{p}}} = \frac{v_{\mathrm{m}} l_{\mathrm{m}}}{\upsilon_{\mathrm{m}}} \tag{2-17}$$

式中，下角标 p 表示原型，m 表示模型。后文中相同。

(2)重力(弗劳德)相似准则

当重力起主导作用时，根据牛顿相似准则，相似流动牛顿数相等，则有

$$(Fr)_{\mathrm{p}} = (Fr)_{\mathrm{m}} \tag{2-18}$$

$$\frac{v_{\mathrm{p}}}{\sqrt{g_{\mathrm{p}} l_{\mathrm{p}}}} = \frac{v_{\mathrm{m}}}{\sqrt{g_{\mathrm{m}} l_{\mathrm{m}}}} \tag{2-19}$$

这就是重力相似准则，或称弗劳德相似准则。

(3)压力(欧拉)相似准则

当企图改变原有运动状态的力，也就是流体动压力起主导作用时，则有

$$\frac{p_{\mathrm{p}}}{\rho_{\mathrm{p}} v_{\mathrm{p}}^2} = \frac{p_{\mathrm{m}}}{\rho_{\mathrm{m}} v_{\mathrm{m}}^2} \tag{2-20}$$

$$(Eu)_{\mathrm{p}} = (Eu)_{\mathrm{m}} \tag{2-21}$$

式中，$Eu = \frac{p}{\rho v^2}$ 为一无量纲数，称为欧拉数。

在实际流动中，真正起主要作用的是压强差 Δp ，而不是压强的绝对值，因此，欧拉数中常以压强差 Δp 代替 p，即

$$Eu = \frac{\Delta p}{\rho v^2} \tag{2-22}$$

黏滞力准则、重力准则、压力准则通常使用较为广泛。除此之

外，还有表面张力相似准则(韦伯准则)、弹性力相似准则(柯西准则)等。流体的运动一旦实现了几何相似和动力相似，两个流动必然呈现相似的运动规律。

(4)渗流运动模型(水文地质模型)的相似准则

水文地质模型试验关注渗流过程中的水土相互作用关系。通常，水文地质模型中研究的是岩土体和水双重材料性质。对于岩土体来讲，可以根据地质力学相似理论关系进行模型试验设计，但还要考虑地下水渗流的相似性[66]，根据 Biot 固结理论和弹性力学基本方程推导相似准则发现，弹性力学和 Biot 固结理论的时间比尺很难统一起来，而在一个模型上执行两个时间系统是无法完成试验参数分析的。所以，当需要考虑流体(浆液和水)的黏滞性以及模拟裂隙的渗透性、变形模量、黏结力等参数相似时，不宜按渗流运动模型的相似比尺设计注浆试验模型。

第 3 章　管道动水注浆模型试验研究

3.1 概述

本研究将岩体注浆介质以管道及裂隙的形式进行考虑。对于管道而言，实际工程中在动水管道形式的岩体空隙中进行的注浆，小的有溶管注浆、钻孔注浆，大的有溶穴溶洞注浆、陷落柱充填注浆、巷道充填注浆等，管道规模从管径几毫米到几米、几十米不等。

在管道中注浆时，注浆输入与地下动水的相互作用规律、浆液压力变化规律、浆液流动扩散及封堵规律等是需要认识了解的重要问题。由于实际注浆问题浆液流动扩散情况复杂，许多流体问题单纯地依靠理论分析或直接应用基本方程式求解难以得到解答，因此，还需依靠试验的手段进行讨论。本章进行管道注浆的模型试验研究，首先选用非速凝类代表性浆液——纯水泥浆液进行注浆试验研究，再选取化学浆液——改性脲醛树脂浆液进行注浆对比研究。

室内管道注浆模型试验目前还开展得较少，在岩体裂隙水的研究中，曾有学者利用管道建立二维裂隙相似模型进行试验分析，并获得可观成果。本研究利用管道进行注浆试验研究所取管径范围在4~10mm之间，由于管道形态的一致性，无论管径大小如何，均可按相似原理，对模型试验的结果进行换算，以得到原型的流动现象和规律。

3.2 管道注浆模型试验系统

本章主要研究动水条件下浆液扩散与封堵机理，进而为解决实际工程问题奠定基础。因此，试验系统应具备以下功能：①能够形成稳定的动水条件；②能够对多种化学浆液进行注浆；③能够监测水和浆液的流量、压力等重要参数；④能够全时记录浆液流动状态以进行后期处理分析。

本试验系统装置如图3-1所示。

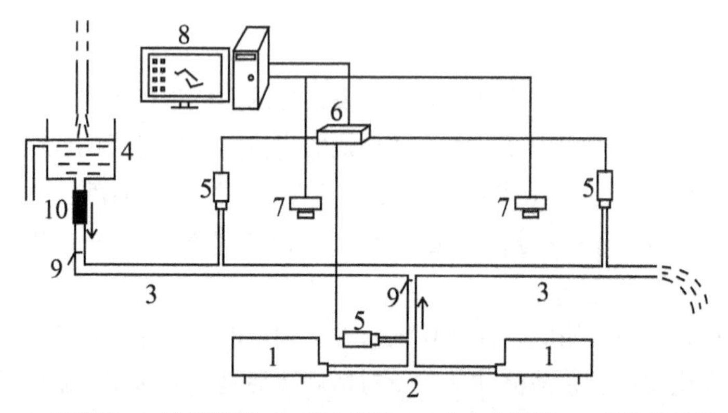

1. 注浆泵；2. 注浆管路；3. 动水管路；4. 定水头装置；5. 压力变送器；
6. 数据采集仪；7. 高速摄像头；8. 计算机；9. 阀门；10. 流量计

(a)试验系统概要图

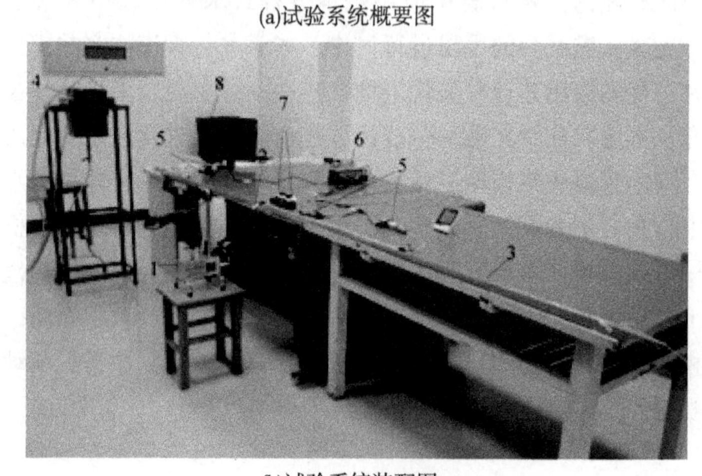

(b)试验系统装配图

图 3-1　管道注浆试验系统

试验系统各部件详细说明如下。

3.2.1　注浆机

选用 XD-1190 型高压电动注浆机，该注浆机机身本体重量7 kg，移动方便。驱动电钻额定功率为 600 W，最高转速达 2000 r/min。注浆机短管空口自由出流时，流量达0.65 L/min左右，注浆压力可达1.5 MPa，满足室内试验需要。

对流量需求较大时，可并联多台注浆机同时注浆。并联后也可用于双液注浆，如图3-2所示。

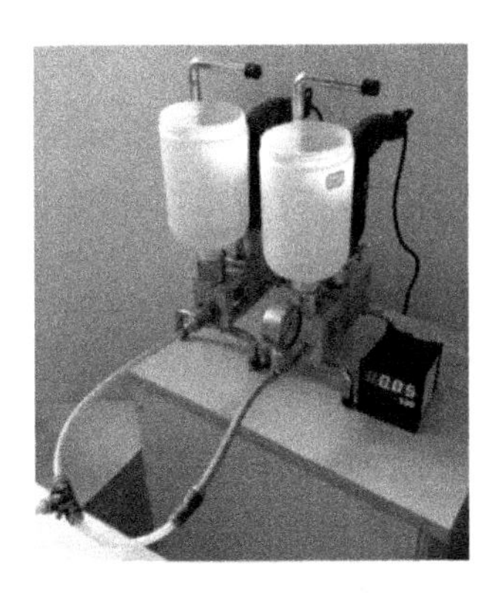

图3-2　双液注浆设备

3.2.2　注浆管路及动水管路

注浆及供水管路选用透明热塑性聚氨酯橡胶硬管(TPU)。注浆管路如图3-2中所示，选用最高硬度级别95A，分流注浆管外径$D=8$mm(内径$d=5$mm)，长$l_{分1}=l_{分2}=0.3$m；汇流注浆管外径$D=10$mm(内径$d=6.5$mm)，长$l_{汇}=0.5$m。动水管道规格则根据试验设计选取，有$d=2$mm、4mm、5mm、6.5mm等级别可选，管道有效过水长度设置为5m。注浆管注入口布置在中间位置，上游管2.5m，下游管2.5m。

试验系统组装前，对该类型塑料管的抗压能力进行测试，在管外壁贴置应变片监测塑料管变形情况(图3-3)，以分析确定该种塑料管对岩体管道模拟的可行性。试验结果表明，当管内试验压力达0.5MPa时，管的径向及轴向变形仅为200~600/με。在室内试验条件下，利用该类型塑料管模拟岩体管道是可行的。

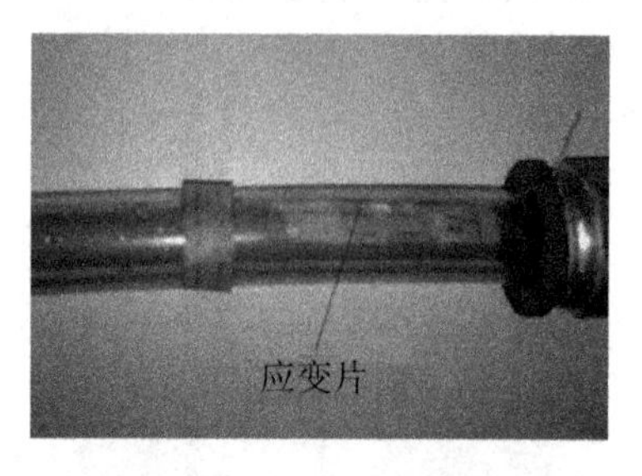

图 3-3　TPU 管及压力应变测试

3.2.3　定水头水源

可用图 3-1(b) 所示定水头装置提供水压力，储水箱自由水面与管路的相对高度即为管路中的水头高度。在本试验中，根据实验室所在建筑高度，能提供的最大水头高度为 20m。

3.2.4　数据监测采集设备

(1) 注浆压力及水压力监测

水压力监测压力变送器选用 AOB-131 型，如图 3-4 所示。传感器测量范围为-0.1～60MPa，测量精度为±0.5%FS，输出信号为 4～20mADC。根据试验设计，分别在动水管道上游、动水管道下游、注浆管末端安装 3 个压力变送器，如图 3-1 所示。上、下游水压力变送器位置分别距注浆口 1.5m；注浆压力变送器距注浆口 0.4m。

数据采集选用 DataTaker-DT515 型。另外，在注浆管压力变送器上，并联智能数字显示仪，该显示仪可以直观反映出注浆过程中压力大小和变化规律，以便于有效合理地对注浆过程进行控制，智能数字显示仪如图 3-2 所示。

试验前，对各个压力变送器压力与电流信号关系进行标定，如图 3-5 所示。由于注浆浆液的流动是非常定流，压力变化较大，为保证精度，试验过程中 DateTaker 采样时间间隔 Δt 设置为 0.25s。

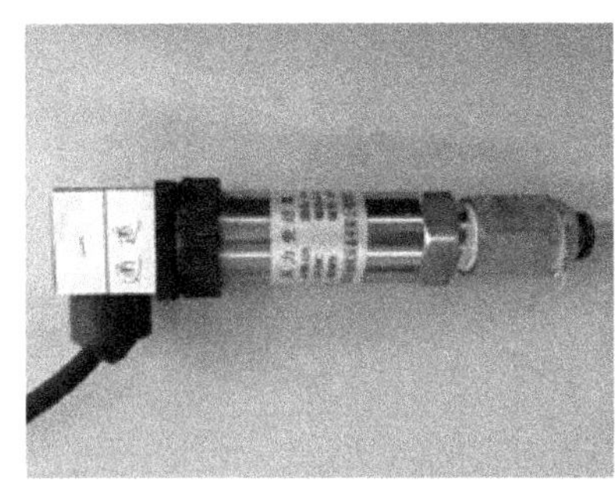

图 3-4 压力变送器与数据采集仪

注浆前开始采样，注浆结束后待圆管内流体流动稳定后，停止采样。

得到变送器电信号与压力的拟合公式如下：

①上游压力变送器：

$$y = -7.46 + 71.33x - 228.19x^2 + 244.38x^3$$

②下游压力变送器：

$$y = -5.44 + 83.12x - 425.13x^2 + 729.7x^3$$

(2)流量监测

在动水管道最上游接入 LZB-10 型玻璃转子流量计。根据试验需要，本研究选取量程 10～160 L/h 和 0～40 L/h 的两种流量计。该类型流量计主要测量元件为锥形玻璃管及和其内部可以上下移动的浮子，锥形玻璃管上宽下窄，其表面上标有刻度。当流体自下而上流经锥形玻璃管时，在浮子上下之间产生压差，浮子在此差压作用下上升。流体流量与浮子上升高度存在一定比例关系，因此，浮子的位置高度可作为流量量度。

在流量计前安装摄像头全程录像，可监测记录流量随时间变化情况。

(3)流动形态监测

对于浆液的流动扩散形态监测，采用 MV-1394 高分辨率工业

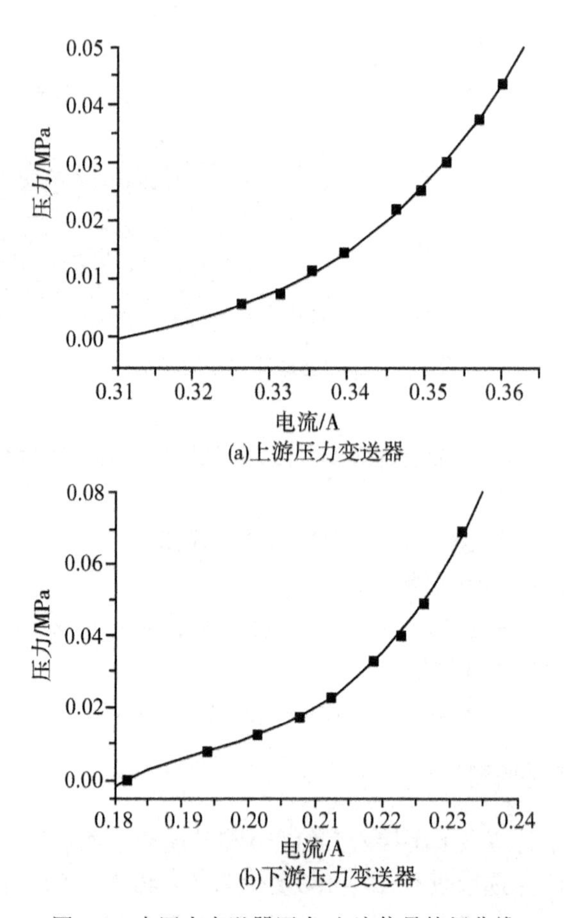

(a)上游压力变送器

(b)下游压力变送器

图 3-5　水压力变送器压力-电流信号特征曲线

CCD 摄像头。该型号摄像头具有高分辨率、高精度、高清晰度、色彩还原性好、低噪声等特点。采用 1394 标准接口，与 USB2.0 输出数字相机相比，图像数据传输过程中占用资源少，更加适用于一台计算机与多台数字摄像机同时使用，可以实现同时对多个浆液扩散位置的监测，如图 3-6 所示。

在本试验中布置两台高清摄像头，注浆孔上游、下游各一台。

图 3-6 MV-1394 高清摄像头

3.3 动水水泥注浆模型试验

水泥是注浆工程中使用最为广泛的浆液之一，它具有材料来源丰富，价格便宜等优点。但相对化学浆液其可注性较差，黏度达1000~10000cp，通常只适用隙宽 0.2mm 以上裂隙及粒径 1mm 以上砂层使用。实际使用时，除了纯水泥浆液，还可根据工程需要加入水玻璃、膨润土或其他添加剂等，以此改善浆液性质。

3.3.1 试验设计

水泥浆液与化学浆液相比，其最大特点就是注浆过程中浆液黏度的相对稳定性。在注浆过程中考虑 4 个主要的影响因素：水灰比、水头、注浆额定流量、动水流量。水灰比决定了浆液黏度的大小，实际注浆工程中，为了保证浆液的流动性，通常选用水灰比大于 0.6。在本研究动水注浆中，为了实现有效封堵同时保证浆液必须的流动性，最小水灰比选用 0.55；水头高度决定了动水压力、注浆过程中有效水压力及注浆封堵后的静水压力。试验中，先选取较低水头进行实验分析，根据试验结果和需要再决定是否进行高水压试验；注浆额定流量即为注浆速率，其影响了浆液流动形态、注浆压力大小等；动水流量可通过阀门调节，流速不同时，动水压力亦不同，但封堵后静水压力相同。

对 6. 5mm 管，试验设计见表 3-1。

表 3-1　**正交试验表**

试验号	水灰比 W/C	水源水头高度 H_w(m)	额定注浆流量 $Q_注$(cm^3/s)	动水流量 Q_w(m^3/h)
1	0. 55	0. 5	8	10
2	0. 55	0. 7	15	30
3	0. 55	0. 9	20	50
4	0. 6	0. 5	15	50
5	0. 6	0. 7	20	10
6	0. 6	0. 9	8	30
7	0. 7	0. 5	20	30
8	0. 7	0. 7	10	50
9	0. 7	0. 9	8	10

3. 3. 2　试验现象及结果分析

1. 浆液流动扩散现象分析

该试验仅模拟一条管道的注浆，浆液过流通道简单，浆液扩散流动情况也相对简单。在 d=6. 5mm 管道中，动水流量在三个流量水平（Q_w = 10 L/h，30 L/h，50 L/h）下，流速分别为 8. 4cm/s、25. 1cm/s、41. 8cm/s。

试验时，室内温度为 10°C，此时水的运动黏滞系数 υ = 1. 306×$10^{-6}m^2/s$，管中雷诺数 Re 分别为 320. 5、961. 5、1602. 4。

$Re<Re_e$ = 2300。因此，三个流速水平下管中水流均为层流状态。

根据以上 9 组试验结果，在动水管道中注浆的浆液扩散流动情况主要有以下三种：

①当动水流量较大，注浆流量相对较小时，浆液注入动水管道后直接被动水携带走。试验6、试验8的注浆过程即为该种情况。

由于浆液密度远大于水，在管道中，浆液沉积于圆管底部向前流动，其他空间则有水充填，如图3-7(a)所示。水的流动速度远大于浆液流动速度。试验时，通过高速摄像头捕捉了流体在透明管道中的流动情况。通过软件分析，可以得到管道断面两相流体流速分布，如图3-7(b)所示。上层水流速度要明显大于水泥浆液的流动速度。由于两者速度差造成的切应力，使浆液在断面竖直方向出现较大的流速梯度。与水接触一侧受水流影响流速较快，管底一侧流速较慢。

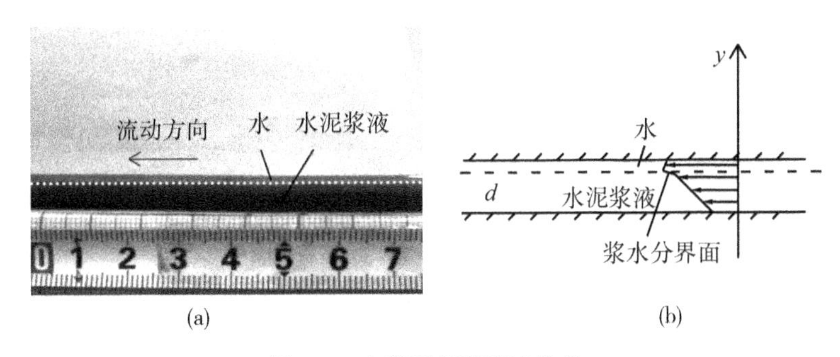

(a)　　　　(b)

图3-7　水浆两相流流速分布

②浆液进入动水管道后，在动水压力作用下，首先顺水流方向流向下游，一段时间后，随着浆液在下游管道中的充填长度不断增大，浆液流动阻力也不断增大，浆液开始向管道上游扩散，但扩散速度极慢，甚至在向上扩散很短距离后保持静止，维持平衡状态，如图3-8所示。试验1、试验2、试验9即为该种情况。

③浆液进入动水管道后，立即分别向动水管道上下游扩散。扩散时，下游浆液流动速度$v_{下}$明显大于上游浆液流动速度$v_{上}$。试验3、试验4、试验5、试验7即为该种情况。

由于水泥浆液的颗粒沉积性，浆液在管中流动扩散时，下部密度总是大于上部密度。逆水流向上游流动扩散时，易形成一段距离的“水力渗入分离段”，隔离了浆液与上部管壁，如图3-9所

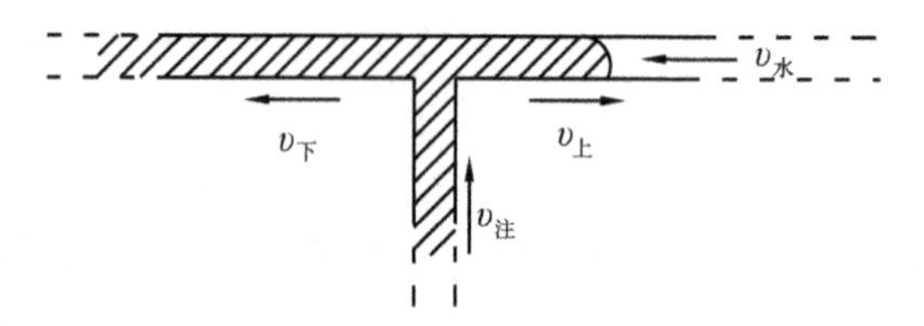

图 3-8　浆液上、下游扩散示意图

示。试验表明，水力渗入分离段的长度与浆液注浆流量相关。其他条件不变时，注浆流量越大，则注浆压力越大，此时分离段长度越短。

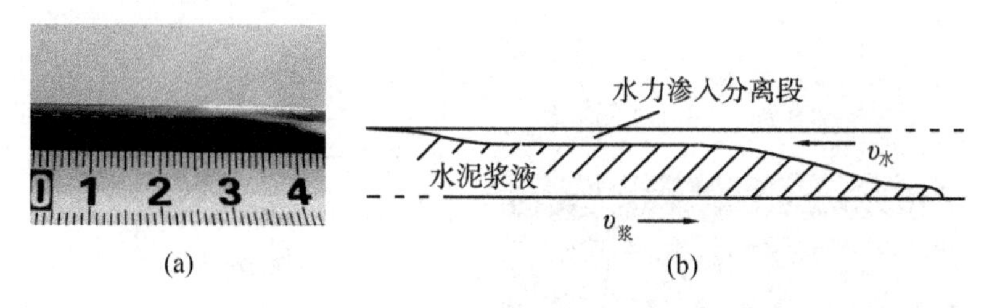

(a)　　(b)

图 3-9　水力渗入分离段

总体来看，水泥浆液注入动水管道后的扩散方式与水头高度 H_w、注浆流量 $Q_注$ 等因素相关。从工程角度来讲，对某一地层进行注浆时的静水压力是难以改变的。但注浆流量具有可控性，它是浆液扩散方式的主要影响因素。

通过试验可以发现，当被注管道介质条件不变时，存在一临界流量 Q_e，当 $Q_注>Q_e$时，浆液按上述第 3 种方式扩散流动；当 $Q_注<Q_e$时，浆液按上述第 1 种方式顺水流单向流动；当 $Q_注$ 在临界流量 Q_e附近时，浆液则处于一平衡状态，浆液在下游顺水流方向几乎饱和流动，不向上游扩散，但阻隔了上游水，上游水流呈近似静止状态。

临界流量 Q_e的确定在后文中进行探讨说明。

2. 压力波动特征分析及水击现象

如图 3-1 所示，分别在上下游距注浆口 1.5m 位置设有水压力监测变送器，在注浆口设有注浆压力监测变送器。正交试验获得注浆压力及动水压力曲线如图 3-10 所示。

(1) 注浆压力变化特征

总体上看，9 次注浆试验注浆压力均表现出以下共同点：注浆机启动开始注浆时，压力骤然升高，此时水泥浆液开始在注浆管中流动。当浆液流动到注浆管前段时，浆液开始进入动水管道，随着注浆的进行，注浆压力整体呈缓慢上升趋势。最后，注浆机关闭停止注浆时，压力陡然降低。

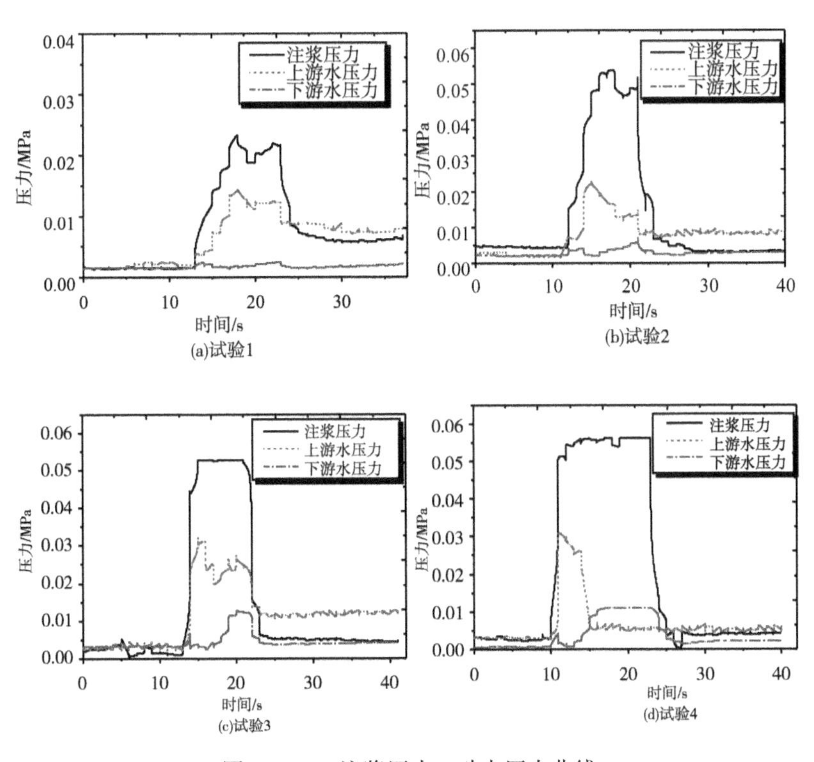

图 3-10-A　注浆压力、动水压力曲线

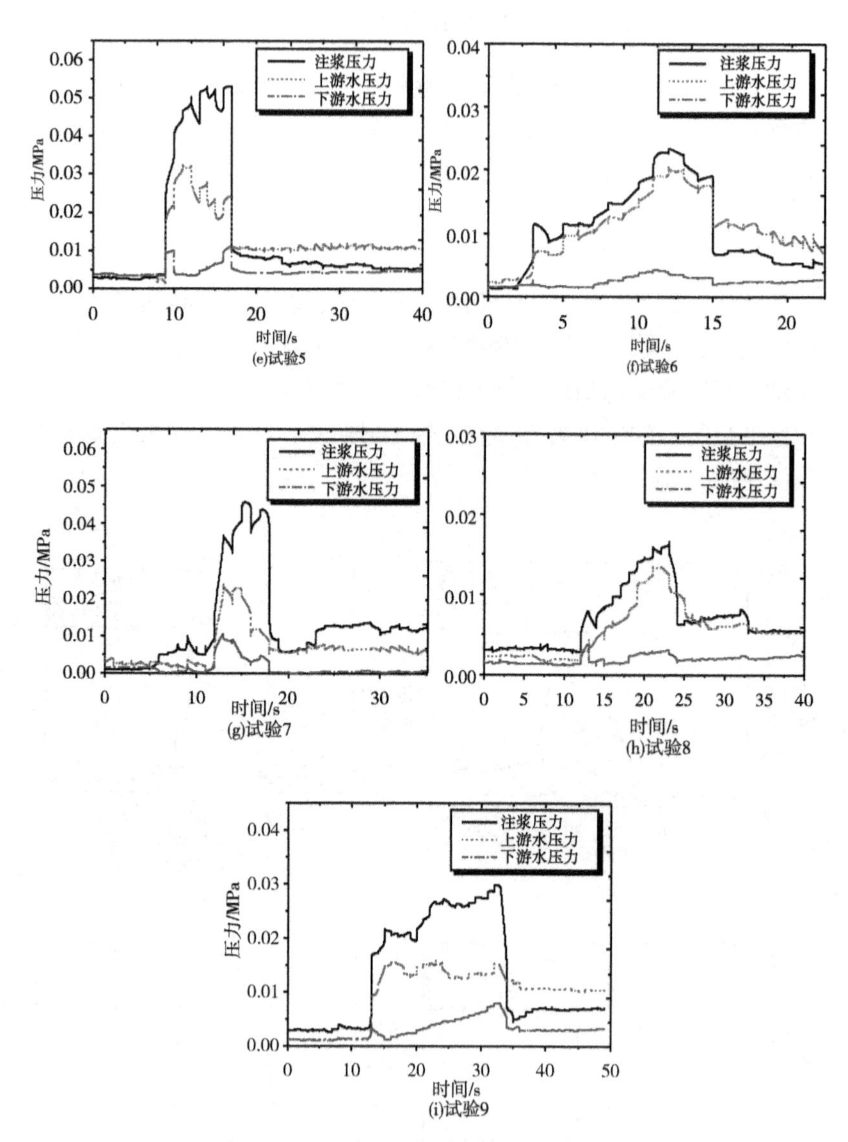

图 3-10-B　注浆压力、动水压力曲线

注浆过程中，注浆压力曲线的大幅度波动由注浆管及浆液中原有气泡所致。但值得注意的是，在大部分曲线中，在注浆刚开始时

会出现压力增高的突然波动，而后压力降低。主要出现在试验5、试验6、试验7、试验8、试验9中。该波动由浆液开始进入动水管道，浆液流动突然受到动水作用的冲击力所致，当水源水头位置较低或注浆流量较小时，该现象不明显，如试验1、试验2。

注浆压力值的大小主要受注浆流量及水灰比的影响，注浆流量小、水灰比大时，注浆压力较低，注浆压力在0.005~0.03MPa之间，如试验1、试验6、试验8、试验9。其他情况下，注浆压力多在0.04~0.06MPa之间。

(2)动水压力变化特征

上、下游水压力变送器采集获取的数据即为该圆管中两点的测压管水头。该试验中的动水水流即为长管自由出流情况，上游监测点水头高于下游监测点水头，与试验数据相符。

监测点水压力变化特点与浆液流动扩散方式密切相关，以下分情况进行讨论：

①当浆液顺水流方向流动而不逆向扩散时(如试验6、试验8)：上游水压力$p_上$增大，并随注浆进行不断上升。根据前述流动扩散规律分析可知，此条件下注浆时水仍然自由出流，单管出流时，阻抗

$$S=al \tag{3-1}$$

式中，a为比阻或比阻抗，$a=f(\lambda, R)$，λ为沿程阻力系数，R为水力半径；l为比阻计算长度。

在层流状态下，流量较小的浆液汇入后与水分层流动。对水流进行分析，浆液注入后减小了过水断面面积，随着注浆的进行，浆液扩散距离越来越远，因此，阻抗S不断增大，根据伯努利方程，水源水头H稳定时，则$p_上$越来越大。

该种情况下，上游监测点压力$p_上$变化规律与注浆压力$p_注$变化规律具有较好相关性。

下游水压力$p_下$则表现平稳，在后期会相对增大。同样按上述分析，在浆液流经下游监测点后，该监测点下游管阻抗开始不断增大，但由于靠近管口，阻抗上升幅度有限。

②当浆液同时向两边扩散时：上游监测点水压力 $p_{上}$ 一开始增大。峰值过后，虽注浆压力增大，但监测点压力 $p_{上}$ 更多呈下降趋势。上游监测点初始压力峰值与注浆压力曲线初始峰值有较好的协同性。

下游监测点水压力 $p_{下}$ 则在注浆启动浆液进入水管时出现一个向下的波动，随后逐渐上升并平稳。

注浆启动时出现的峰值波动现象称为“水击”现象，以上游水压力为例解释说明如下：

浆液的两边扩散时，水流基本被完全阻隔。由于浆液的大量注入，管道的突然封堵，浆液逆向流动(流速 $v_{上}$)，紧挨水泥浆液的水由于浆液注入产生的高压冲量使其由原正常流速 v_0 变成 $v_{上}$(方向相反)。一旦紧靠浆液端的水流运动状态突然改变，同样的作用施加在第二层流体上，也使其流动速度和方向发生改变。因此，这种传递可以视为一个高压脉冲以速度 c 向上游传播，并具有足够的压力把冲量加在水体上使其速度改变。

根据文献[48]，水击的基本方程可以表示为

$$\sum \Delta H = \pm \frac{c}{g} \sum \Delta v \tag{3-2}$$

式中，ΔH 为水头变化增量；Δv 为流速增量；c 为传递波速；g 为重力加速度。

对向上游运动的波，式(3-2)取减号；对向下游运动的波，式中取加号。

对于波速 c，可以利用下面公式进行计算

$$c = \sqrt{\frac{A}{\rho} \cdot \frac{\Delta p}{\Delta A}} \tag{3-3}$$

式中，ρ 为管的密度；A 为管的截面积；ΔA 为截面积增量；Δp 为压力增量。

上游端脉冲压力波传递一直到达水箱。由于水箱设置为定水头，因此，压力波到达瞬间，处于一种不平衡状态。从上游段开始，流体又要往回倒流，这个过程又以速度 c 向下游传播，直到遇到迎头而来的浆液，如此周而复始。由于流体的黏性、管壁的非完

全弹性等因素，该过程产生阻尼，从而使这种现象最终消失。

3. 管道水泥注浆封堵过程与机理

注浆停止后，浆液对管道的封堵结果可以分为以下四种情况：

①浆液被水携带出流：在注浆过程中，浆液进入管道后不向上游扩散，直接被水流携带出去。注浆停止后，管道中几乎无浆液残留。如：试验6、试验8。封堵失败。

②浆液充填后溃流：注浆停止后，浆液充填留存于管道中，充填长度在2.5~4.5m不等。但由于静水压力较大，浆液屈服剪切力较小，整个充填段浆液向出口段蠕动。

同时，由于水泥颗粒的沉积现象，水管中水泥浆液密度分布不均匀，由上至下密度逐渐增大。最终使得浆液与顶部管壁不紧密接触。静水压力的作用下，上游水力渗入段在注浆停止后开始向下游延伸，如图3-11所示。经图像处理分析，延伸速度在2.5cm/s左右。当水力渗入段延伸至管口与大气相通时，渗流水力梯度迅速增大，流速亦陡然增大。管道中水泥浆液持续受到上层高速水流的冲刷，直到全部消失。

试验1、试验3、试验7、试验9注浆后呈该种结果，封堵失败。

③顶部渗流不完全封堵：浆液留存于管道中后，受水泥浆液性质影响，上部仍然出现渗流现象。但此时，渗流速度非常小，几乎不带走水泥颗粒。最后，水以清水的形式从管口渗出，流量非常小。对其连续观测24小时，渗水流量始终维持在2mL/h左右。如图3-12所示。

对于该种现象的出现，可以认为是水泥浆液先沉积，形成优势渗水通道，然后动水渗流冲刷平衡的结果。动水作用力与水泥颗粒最大静摩擦力相互平衡，分析如下：

动水对颗粒的主动作用力：

$$P = \rho_w \frac{u^2}{2} r_k^2 \tag{3-4}$$

式中，ρ_w为水的密度；u为水在浆液与顶部管壁间渗流的平均

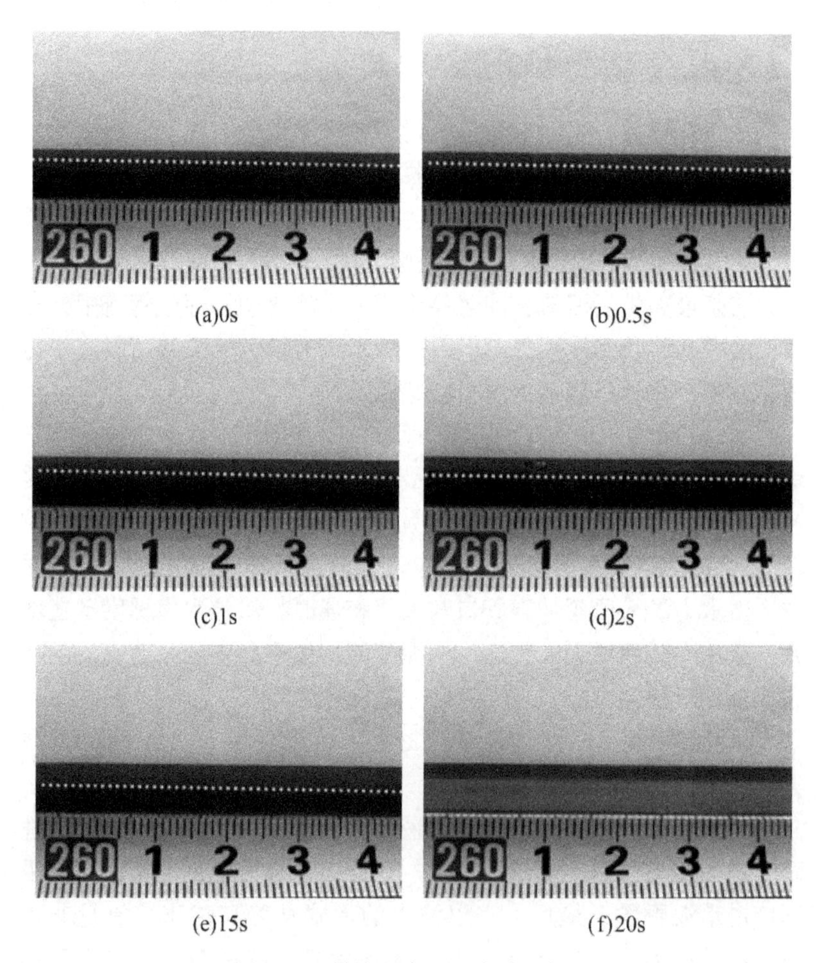

(a)0s (b)0.5s
(c)1s (d)2s
(e)15s (f)20s

图 3-11　封堵段渗透、冲刷示意图

速度；r_k为水泥颗粒平均半径。

水泥颗粒对动水作用的抵抗力

$$F = f \cdot m \cdot g = f \cdot g \frac{\pi}{6}(\rho_g - \rho_w)\, d_k^{\ 3} \tag{3-5}$$

式中，f为水泥颗粒间滚动摩擦的静摩擦系数；ρ_g为水泥密度；d_k为颗粒直径。

当$P>F$时，颗粒被动水携带走，则出现上述第 2 种试验结果，

图 3-12　注浆封堵后清水渗出

水泥浆液受冲刷失稳，封堵失效；$P<F$ 时，颗粒不受携带，则出现上述第 3 种试验结果，可认为封堵基本成功。

$P=F$ 时，可得到“顶部渗流不完全封堵”与“充填后溃流”之间的临界渗流速度

$$u_{cr}=\sqrt{\frac{4g}{3\,d_k}+\left(\frac{\rho}{\rho_w}-1\right)d_k} \tag{3-6}$$

在工程实践中，很多水平钻孔在利用水泥浆液封堵时，常遇到这种封堵后渗水的情况。当渗流速度大于临界渗流速度 u_{cr} 时，则出现前述浆液充填溃流的现象；小于临界流速时，则充填渗流后不冲刷溃流。

正交试验中，试验 5 注浆封堵后呈该结果，基本封堵成功。

④完全封堵：浆液注入后，“水力渗入分离段”向下游扩散一定距离后停止，整个水泥浆液填充段处于完全静止状态，此时认为，封堵完全成功。待一段时间水泥固结后，可抵抗更大水头。

试验 2、试验 4 封堵完全成功。

通过对流量计的监测记录，不同封堵结果时，水流量变化规律如图 3-13 所示。图中，t_1 为注浆起始时刻，t_2 为注浆停止时刻。

试验结果汇总见表 3-2。

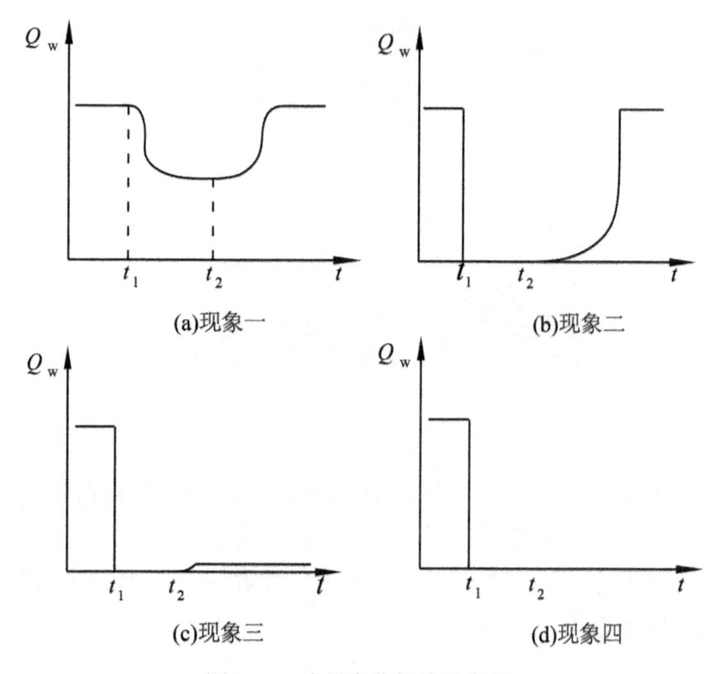

图 3-13　流量变化规律示意图

表 3-2　**正交试验浆液封堵结果**

试验号	1	2	3	4	5	6	7	8	9
封堵结果	失败	成功	失败	成功	基本成功	失败	失败	失败	失败
封堵过程	现象二	现象四	现象二	现象四	现象三	现象一	现象二	现象一	现象二

3.3.3　管道水泥注浆封堵原则与条件分析

1. 注浆封堵效果的主要影响因素

结合上述正交试验可知，纯水泥浆液等非速凝浆液具备一定的动水封堵能力，但封堵能力较差。当水压较小时，可考虑使用价格低廉、来源广泛的水泥等非速凝类浆液进行注浆堵水。

浆液水灰比越大，静水水头越高，注浆流量越小，动水流速越大时，浆液动水封堵能力越差。

在本研究中，水灰比 W/C 大于 0.7：1 时，水泥浆液过于稀释，黏度较小，浆液在水压作用下几乎不能完整留存。由于纯水泥浆液的非速凝性和易冲刷性，在注浆过程中浆液将管道内动水完全截断是实现管道有效封堵的必要条件。若注浆流量过小，浆液在动态过程中无法充填整个过水断面，则出现浆液-水混合出流现象，最终无法实现封堵。因此，当水灰比一定时，动水注浆封堵的成败主要由水源水头及注浆流量大小所决定。

2. 水泥浆液封堵条件

依据以上分析，管道中水泥浆液注浆封堵应满足以下原则：

①浆液为宾汉流体，应具有一定的剪切屈服应力 τ_0。且注浆后全部管道浆液充填段所能抵抗的最大应静水压力应小于充填段浆液屈服剪切力。若将岩壁轮廓线考虑为平行无起伏的理想形态，当过水断面为任意形状时，如图 3-14 所示，注浆封堵成功应满足以下条件：

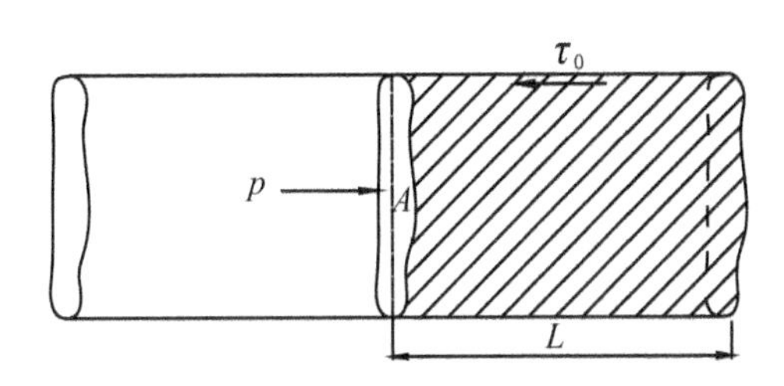

图 3-14　封堵计算示意图

$$p \cdot A \leqslant \chi \cdot L \cdot \tau_0 \tag{3-7}$$

式中，p 为水对浆体的压强；τ_0 为最大静切力；L 为浆液充填段长度；A 为封堵断面面积；χ 为封堵断面湿周。

此时，浆液所能抵抗的最大水头

$$h \leqslant \frac{\chi \cdot L \cdot \tau_0}{\rho \cdot g \cdot A} \tag{3-8}$$

若过水通道不水平，则还需考虑重力因素。假设通道动水流动方向与垂直向下方向夹角为 α，则有

$$p \cdot A + \rho_s \cdot A \cdot L \cdot g \cdot \cos\alpha \leqslant \chi \cdot L \cdot \tau_0 \tag{3-9}$$

式中，ρ_s 为浆液密度。

非速凝类浆液依靠自身静切力抵抗水压作用，封堵能力较弱，通常只能抵抗仅仅几米的水头高度。在涌突水注浆封堵的注浆实践中，非速凝类浆液使用较少。

②注浆过程中，浆液应保证可以充填全部过水断面，完全截断动水，无浆-水两相流的出现。因此，注浆流量即需大于某临界值 Q_e，使浆液可以向上游逆向流动即可。

(1) 临界值 Q_e 的推导

如图 3-15 所示。动水以速度 v 至左向右流动，管道下游管口处仅受大气压强 p_a(忽略不计)，上游静水压强为 p_w；注浆过程中某时刻 t，注浆流量为 $Q_注$。

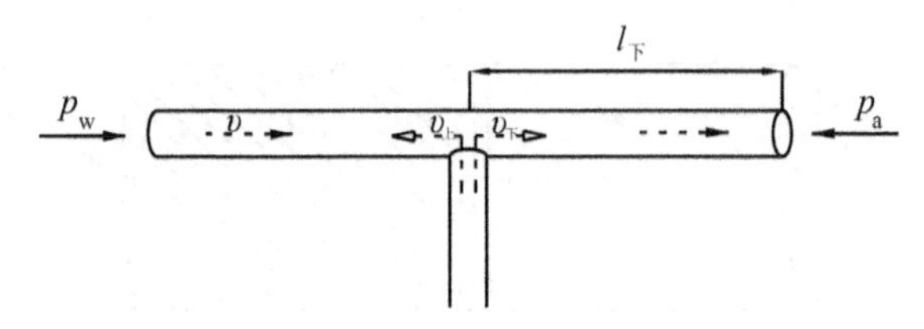

图 3-15　管道浆液扩散示意图

浆液在运移扩散过程中，在压力梯度的作用下向低压处流动。浆液进入动水管道后，流量较小时，由于上游方向压力大，浆液全部流向下游。注浆浆液若向上游方向分流，则注浆孔口处浆液压强 p_0 应大于静水压强 p_w。以此为条件进行解析。

在临界状态下，浆液进入管道后，全部流向下游，刚好不向上游扩展。浆液在注浆孔处将动水完全隔离，管道水停止流动，动能

全部转换为静水压强。

因此，流量为 Q_e时，注浆孔处水头高度为：

$$H_0 = a\, l_{下}\, Q_e^2 \tag{3-10}$$

根据临界平衡条件，注浆孔处水头与水源水头相等，则

$$H_w = \frac{p_w}{\rho_w g} = a\, l_{下}\, Q_e^2 \tag{3-11}$$

式中，ρ_w 为水的密度；a 为比阻，$a = \dfrac{8\lambda}{\pi^2 d^5 g}$。式中，$\lambda$ 为沿程阻力系数，层流时，$\lambda = \dfrac{64}{Re}$；紊流时，λ 可根据布拉休斯经验公式、阿里特苏里经验公式等求解。如阿里特苏里公式

$$\lambda = 0.11\left(\frac{k_s}{d} + \frac{68}{Re}\right)^{0.25} \tag{3-12}$$

k_s为管道壁面的绝对粗糙度。该公式考虑了不同流体的性质，且适用于紊流三个阻力区(紊流光滑区、紊流过度区、紊流粗糙区)，形式简单，计算方便。

最后，临界流量为：

$$Q_e = \sqrt{\frac{H_w}{a\, l_{下}}} = \sqrt{\frac{H_w \pi^2 d^5 g}{8\lambda\, l_{下}}} \tag{3-13}$$

可以看出，注浆能否成功封堵的临界流量与静水水头、管径、管道沿程阻力系数等因素相关。管径 d、静水水头 H_w越大，临界流量越大，沿程阻力系数 λ 、注浆孔至下游管口长度 $l_{下}$ 越小，临界流量越大。该公式与正交试验结果相符。

在层流状态下，圆管中雷诺数

$$\mathrm{Re} = \frac{vd}{\upsilon} = \frac{4Q}{\pi \mathrm{d} \upsilon} \tag{3-14}$$

公式(3-14)计算时，层流时 $\lambda = \dfrac{64}{Re}$，按临界流量下雷诺数计算。将 λ 代入式(3-14)可得

$$Q_e = \frac{H_w \pi d^4 g}{128 \upsilon\, l_{下}} \tag{3-15}$$

(2)临界流量的验算

利用上述试验数据对临界注浆流量进行验算。

水灰比在 0.55：1～0.7：1 范围内时，无外加剂水泥浆液密度在 1.53～1.6 g/cm³之间，运动黏度 $\upsilon=14.5\sim18.3\text{mm}^2/\text{s}$。动水管道管径 $d=6.5\text{mm}$，注浆流量为 $8\sim20\text{cm}^3/\text{s}$。因此，流量取最大值，运动黏度取最小值，则最大雷诺数

$$Re=\frac{vd}{\upsilon}=\frac{4Qd}{\pi d^2\upsilon}=270.32<2300$$

由于水泥浆液黏度较大，本研究注浆试验中，浆液的流动均为层流状态。

以试验 6 为例对公式(3-15)进行验算：试验 6 条件下水灰比 $W/C=0.6$ 时，浆液运动黏度 υ 为 $15.1\text{mm}^2/\text{s}$ 左右；$l_{下}=2.5\text{m}$，$H_w=0.9\text{m}$，将已知参数代入式(3-15)，得

$$Q_e=\frac{H_w\pi d^4 g}{128\upsilon l_{下}}=10.4\ \text{cm}^3/\text{s}$$

实际试验过程中注浆流量为 $8\text{cm}^3/\text{s}$，小于成功封堵的临界流量 Q_e。对其他试验数据进行验算，结果与公式(3-15)相符，由此证明了该公式的可靠性。

3.4　动水化学注浆模型试验

一般而言，可以将注浆材料粗分为水泥类浆液和化学类浆液。为适应不同工程注浆的需要，化学浆液具有特殊的材料性质，如速凝性、黏时变性、易注性等。目前，已研究和开发出的各类化学注浆材料多达几十种。由于化学浆液特殊的材料特性，探讨其注浆封堵规律十分有必要。本节利用管道注浆模型试验系统进行化学浆液的注浆试验研究。化学浆液包含环氧树脂类、聚氨酯类、木质素类、脲醛树脂类浆液等诸多类型。本章选取具有代表性的改性脲醛树脂浆液进行试验研究。

3.4.1 脲醛树脂浆液工程性质

脲醛树脂类浆液是一种以脲醛树脂与酸性催化剂组成的高分子化学灌浆材料。常用酸性催化剂有硫酸、盐酸、草酸等。目前，除了水玻璃之外，它是对环境危害最小的化学类浆材。

(1)浆液固化反应过程

脲醛树脂浆液的化学反应过程非常复杂，目前尚无统一认识。比较多的观点认为其反应过程分为以下三个阶段[15]。

①加成反应：

$$\begin{array}{l} NH_2 \\ | \\ C{=}O \\ | \\ NH_2 \end{array} + HCHO \longrightarrow \begin{array}{l} NHCH_2OH \\ | \\ C{=}O \\ | \\ NH_2 \end{array}$$

$$\begin{array}{l} NH_2 \\ | \\ C{=}O \\ | \\ NH_2 \end{array} + 2HCHO \longrightarrow \begin{array}{l} NHCH_2OH \\ | \\ C{=}O \\ | \\ NHCH_2OH \end{array}$$

②缩聚反应：

在微酸性介质中，产生次甲基脲。

$$\begin{array}{l} NHCH_2OH \\ | \\ C{=}O \\ | \\ NH_2 \end{array} + \begin{array}{l} NH_2 \\ | \\ C{=}O \\ | \\ NH_2 \end{array} \longrightarrow \begin{array}{lll} NHCH_2 & - & NH \\ | & & | \\ C{=}O & & C{=}O + H_2O \\ | & & \\ NH_2 & & \end{array}$$

$$\begin{array}{l} NHCH_2OH \\ \\ C{=}O \\ | \\ NH_2 \end{array} + \begin{array}{l} NH_2 \\ \\ C{=}O \\ | \\ NHCH_2OH \end{array} \longrightarrow \begin{array}{l} \\ \\ C \\ | \\ NHCH_2OH \end{array}$$

随着缩合反应的进行，最后可得到含油羟甲基的缩聚。

$$H \left[NH - \underset{\underset{O}{\|}}{C} - \underset{\underset{CH_2\ OH}{|}}{N} - CH_2 - NH - \underset{\underset{O}{\|}}{C} - NH - CH_2 \right]_n OH$$

③固化：

在酸性催化剂的作用下，缩聚反应进一步进行，生产网状体型结构的高聚物：

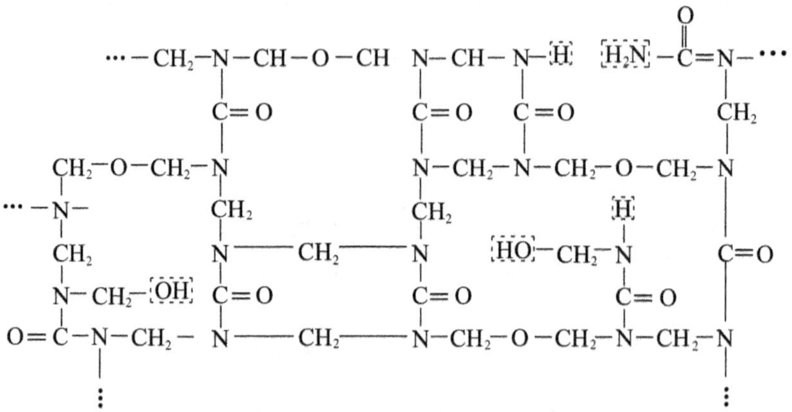

```
                                                                         O
                                                                         ‖
     …—CH2—N—CH—O—CH   N—CH—N—[H]   [H2N]—C=N—…
                 |                  |          |                                      |
               C=O             C=O     C=O                                 CH2
                 |                  |          |                                      |
CH2—O—CH2—N             N—CH2—N—CH2—O—CH2—N
 |                |                  |                                                  |
…—N—         CH2             CH2                        [H]                     |
 |                |                  |                                  |                 |
CH2             N———CH2———N              [HO]—CH2—N              C=O
 |                |                  |                                  |                 |
N—CH2—[OH]  C=O             C=O                            C=O           |
 |                |                  |                                  |                 |
O=C—N—CH2—  N———CH2———N—CH2—O—CH2—N—CH2—N
        |                                                                              |
        ⋮                                                                              ⋮
```

(2) 浆液黏度的时变性

脲醛树脂浆液是一种黏时变浆液，即浆液在加入酸性催化剂到固化之间的时间段里，液体黏度是不断变化的。相同酸性催化剂用量时，催化剂溶液 pH 值越低，则缩合反应的速度就越快。因此，改变催化剂的相对用量或浓度即可控制脲醛树脂浆液的凝胶时间。通常情况下，利用草酸作为酸性催化剂。

王档良[34]通过试验，给出了脲醛树脂浆液在不同草酸浓度和比例酸条件下的凝胶时间，见表 3-3。

表 3-3 **脲醛树脂浆液在不同浓度和比例酸条件下的凝胶时间**[34]

浆液比例 / 酸浓度	10∶5	10∶4	10∶3	10∶2	10∶1
6%酸	1′07″	1′35″	1′57″	2′38″	10′20″
8%酸	52″	58″	1′19″	2′16″	10′05″
10%酸	51″	56″	1′02″	2′01″	4′02″
12%酸	47″	52″	54″	1′34″	3′40″
单液浆	120′50″				

利用 DV-II+PRO 黏度测试仪可以测试出浆液黏度随时间变化的关系。草酸作催化剂时，对多种不同浓度草酸用量下浆液的黏度进行测试，黏时曲线示意图如图 3-16(b)所示，两种浆液开始混合在一起的时刻，计 $t=0$。

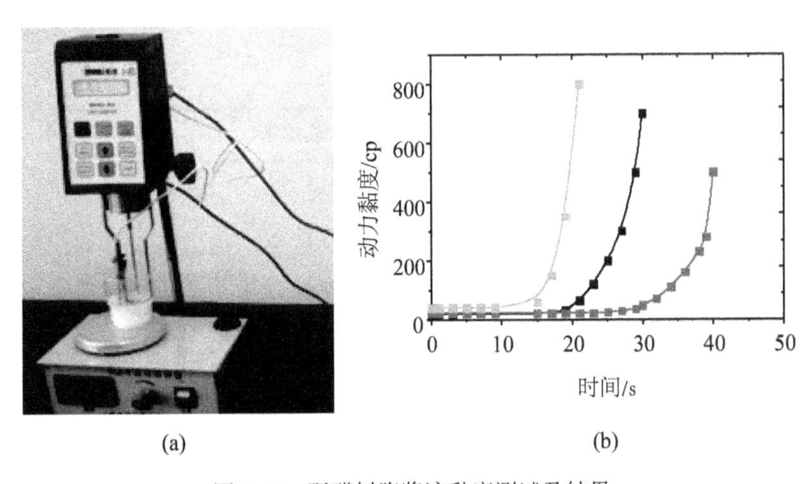

图 3-16 脲醛树脂浆液黏度测试及结果

通过测试可以发现脲醛树脂浆液的黏度变化具有以下规律：

浆液与酸性催化剂混合后，存在一段时间的黏度稳定期，该阶段黏度变化幅度较小；一旦内在化学反应表现出来，浆液黏度迅速提升，并可在短时间内完成固结。

可将浆液黏度开始迅速增大的时刻称为浆液的凝胶时间 t_n。t_n 之前，浆液性质稳定。注浆时，该阶段主要完成浆液的流动和扩散。t_n 之后，浆液黏度迅速提高，浆液固结停止流动，是实现动水封堵的有效作用时间段。

脲醛树脂浆液的黏度时变性特征可以说明，该浆液是用于动水注浆封堵的最佳浆液之一。

3.4.2 试验设计

水泥注浆试验的研究结果表明，浆液扩散封堵的主要影响因素

是静水水头高度 H_w 及注浆流量 $Q_{注}$ 与管道过流能力的相对关系。

因此，在本试验中，忽略动水流量因素的影响，以双液注浆机额定注浆流量 $Q_{注}=1.2$ L/min 进行注浆，注浆时仅考虑静水水头及管径，并分析脲醛树脂浆液黏度时变性的影响。

进行正交试验设计见表 3-4。

表 3-4　**化学注浆正交试验表**

试验编号	凝胶时间 t_n(s)	静水水头高度 H_w(m)	管径 d(mm)
1	10	5	6
2	10	10	8
3	30	5	8
4	30	10	6

本试验中采用的催化剂为草酸，按 1∶1 比例与脲醛树脂进行配比，通过调节草酸浓度，改善浆液凝胶时间 t_n。在注浆试验进行之前，对不同配比浆液进行黏度测试，而后对不同时刻所测黏度数据进行拟合分析，可得到黏度随时间变化关系的解析解，可表示为：$\mu=u(t)$ 。根据黏度变化规律，可确定试验用浆液的凝胶时间 t_n。

3.4.3　试验现象及结果分析

(1)试验 1

该试验因素水平下注浆时，水头相对较小，且注浆流量相对动水管道的管径较大。根据前述水泥管道注浆试验研究成果，此时注浆流量远大于浆液能否向上游扩散的临界流量 Q_e，因此，试验中浆液在进入动水水管瞬间向两边扩散，且流速极快。

很短时间内，注浆压力迅速升高。而后观察发现，浆液在流动过程中凝胶固结(图 3-17)。固结时，浆液流向前段最先固结(下游出口端附近和上游浆液扩散远端)，随后注浆流量和浆液流速迅速减小，最后管中浆液全部固结。浆液在管中扩散总长度达 4m，从而实现了对整个动水管道的完全封堵。

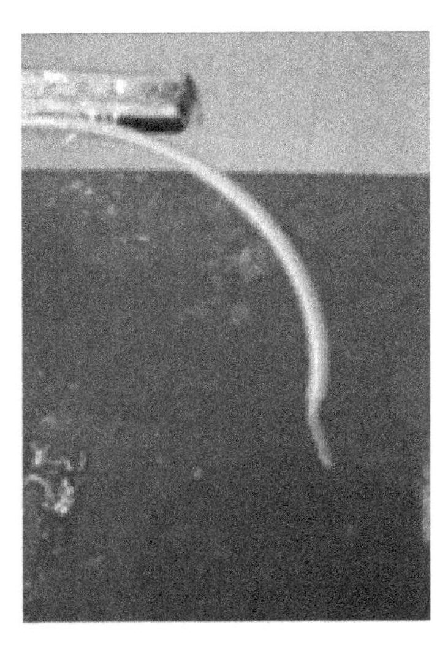

图 3-17 浆液固结封堵后管道

注浆压力及上、下游压力监测点数据如图 3-18 所示。该试验中并联双液注浆机进行注浆，且管径相对较小，因此，整体注浆压力要大于水泥注浆试验。

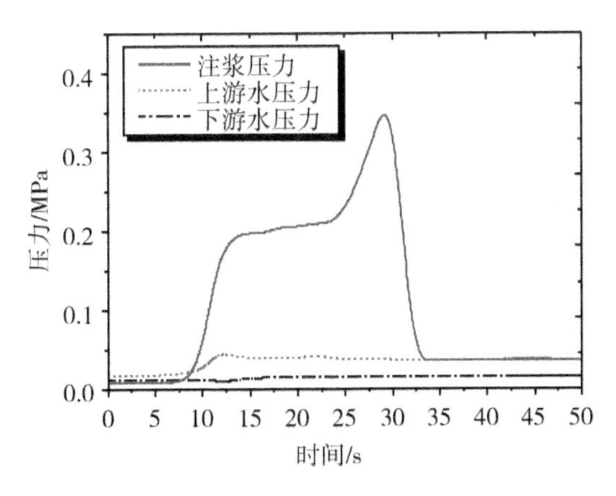

图 3-18 试验 1 注浆过程压力曲线

该压力曲线与水泥注浆两边扩散时的压力变化规律较为相似。注浆机起动后，注浆压力迅速增大，而后平稳上升。当管内脲醛树脂浆液开始凝胶固结时，浆液黏度迅速增大，因此，注浆压力亦迅速增大，注浆机负载随之迅速增大，此时停止注浆，注浆压力回落。注浆开始，浆液进入动水管道的瞬间，上、下游水压力均表现出水击现象。对上下游水压力变送器监测的具体数据进行分析，可以发现，由于监测点处的浆液固结和停止注浆后注浆压力的释放，监测点压力随之减小，而后稳定。

(2)试验2

与试验1相比，该试验动水管道管径增大为8mm，水源静水水头提高至10m。

双液注浆机启动后，浆液经注浆管进入动水管道后，最初不向上游扩展，直接顺水流而下。但一段时间后，在注浆管三通处汇合后的浆液流动至水管出口段时，开始起絮凝胶。浆液流动阻力增大，流速减慢。随后浆液开始起絮反应的位置逐渐退后，向双液汇合处逼近。

下游浆液逐渐固结的过程中，注浆孔处浆液下游流向的流动阻力迅速增大，当其大于静水水压时，浆液开始向上游扩散。

此时，管道已被完全封堵，可认为封堵成功。各压力监测点数据变化曲线如图3-19所示。

注浆开始注浆压力达到0.14MPa后缓慢增大，浆液凝胶固结开始时，注浆压力则迅速增大，而后停止注浆。上、下游水压力均增大，在浆液未通过上游监测点之前，管道被封堵，监测点水压等于静水压强，在0.1MPa左右。

(3)试验3

通过降低草酸浓度，将浆液凝胶时间控制在30s后进行注浆。该试验条件下，浆液顺水流而下，未出现逆向扩展现象。因凝胶时间过长，浆液在动水水管中还未来得及起絮固结已流出管外。

因此，整个注浆过程中，浆液源源不断地注入并从动水管道出

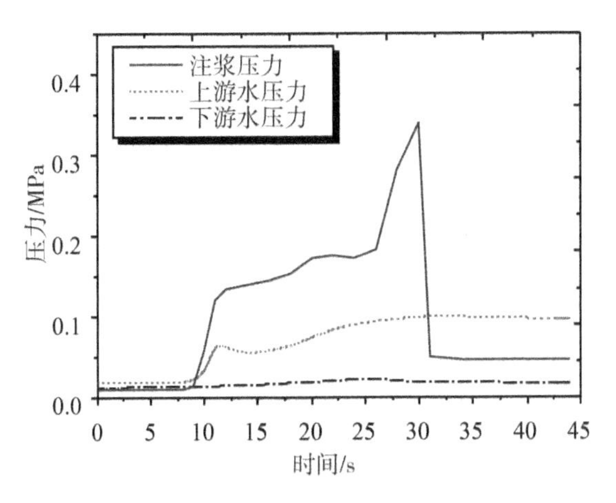

图 3-19　试验 2 注浆过程压力曲线

口流出，无法实现对动水的有效封堵。此时封堵失败。

各监测点压力曲线如图 3-20 所示。注浆过程中，由于浆液不在管道内凝胶，形成了整个注浆系统的恒定流。注浆压力、上游水压力、下游水压力均基本维持稳定。且与其他试验相比，压力偏小。

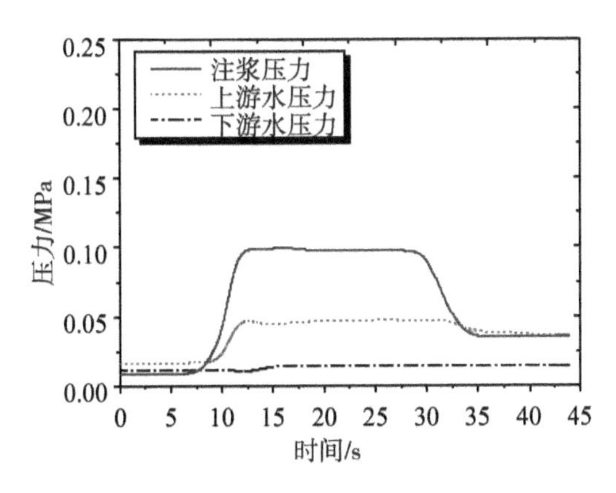

图 3-20　试验 3 注浆过程压力曲线

(4)试验 4

相对于试验 3，试验管径减小且注浆流量不变，浆液进入动水管道即向两边扩展。由于水压力大，浆液上游扩展速度慢，而从下游泄流速度较快。

由于浆液凝胶时间长，经下游泄流出的浆液来不及在管内凝固已全部流出。但一段时间后，上游管最前端浆液开始反应，黏度不断增大，直至固结。停止注浆后，管道不漏水，在上游段被全部堵死。上游浆液堵死后，下游泄流浆液流量增大，浆液流速更大，浆液继续未到凝胶时间 t_n 就已流出动水管道管口。因此，整个上游段形成了有效封堵区。该试验封堵成功。

各点压力曲线如图 3-21 所示。该试验注浆过程中，注浆压力呈平稳增大的趋势；在第 14s 左右出现的注浆压力波动由浆液进入动水管道时的浆液前段气泡和浆液对水管的冲击力所形成。

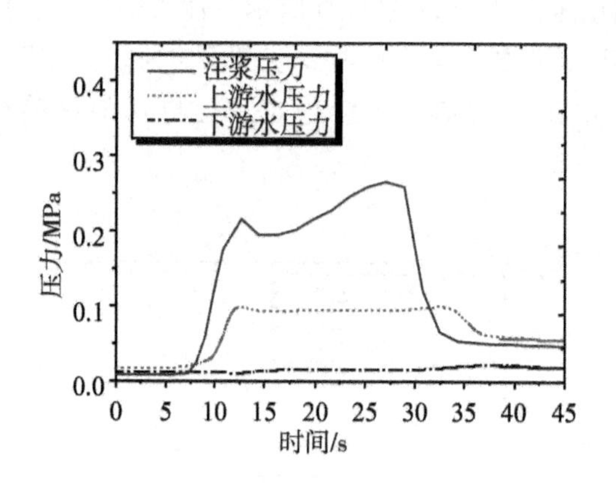

图 3-21　试验 4 注浆过程压力曲线

3.4.4　脲醛树脂浆液管道封堵机理及条件分析

1. 化学浆液封堵机理

根据牛顿内摩擦定律，浆液流动过程中，依附在圆管内壁上的浆液是静止不动的。浆液固结封堵水管时，随着浆液的凝胶固结，浆液的物理形态逐渐由流体转变为固体，因此，浆液的内摩擦力逐渐转化为浆液固结体的黏聚力。此时，依附于管壁上的浆液分子与内壁之间的吸附作用、静电作用以及扩散作用不断增强，其黏结力不断增大。最后，固结体全部静止下来。通常，固结体黏聚力远大于固结体与管壁的黏结力，因此，可以认为固结体对静水压力的抵抗力主要由黏结力提供。浆液在管内扩散过程中，凝胶固结的浆液与圆管管壁之间的黏结力迅速增大，因此，直接形成了对管内动水的拦截封堵。

以上试验中，试验 1、试验 2、试验 4 封堵成功，试验 3 封堵失败。封堵成功的试验中，封堵过程和方式各不相同，如图 3-22 所示。

因此，化学浆液注浆对动水管道的封堵机理可分为以下三种：

①注浆孔上、下游同时胶凝固结封堵：试验 1 中管道上、下游前段均开始凝胶固结，形成对动水的抵抗封堵段。随后管内其他位置浆液继续固结，但此时动水已经被封堵，其固结只是起到了增加封堵安全系数和加固岩体的作用。

②下游胶凝固结封堵：试验 2 中浆液不向上游扩散，但在凝胶时间内，浆液未流出管道。在管道前方固结，形成对动水拦截的有效封堵段。

③上游胶凝固结封堵：试验 3 中下游管中浆液泄流速度较大，浆液凝胶时间长。在凝胶时间内浆液已流出管口。但由于 $Q_{注}>Q_{e}$，浆液缓慢向上游扩散。浆液向水源端逼近但始终留存在管道中，因此，此时无论凝胶时间多长，只要持续注浆时间 T 大于浆液凝胶时间 t_{n}，浆液即可在管道内固结形成有效封堵段。

2. 封堵条件分析

(1)基本封堵原则和条件

速凝类化学浆液管道注浆时，为保证成功封堵则应满足以下两条原则：

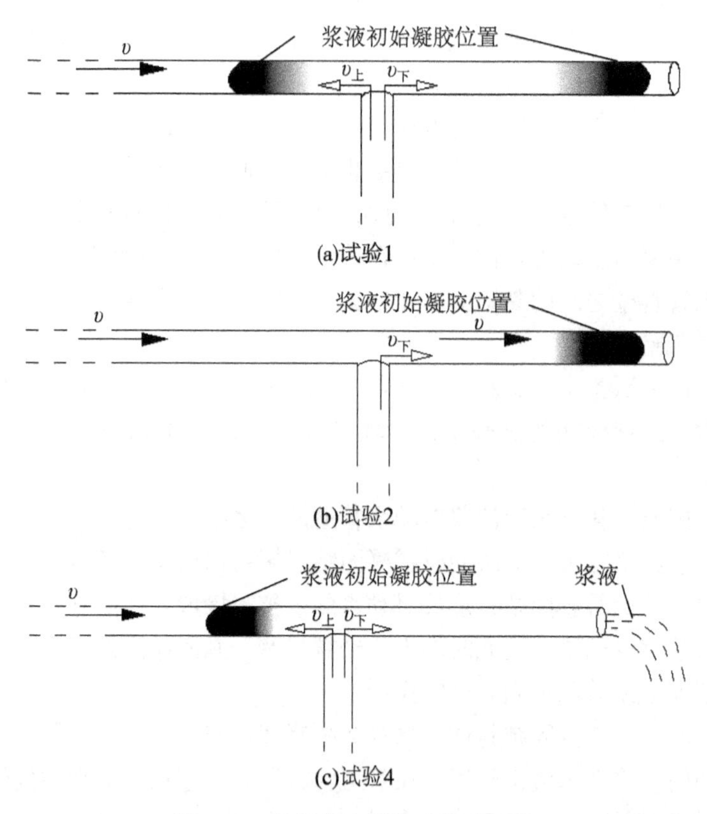

图 3-22　化学浆液封堵过程示意图

①化学浆液凝固体与管壁的整体黏聚力应大于静水压力。

因此，在浆液性质上，应满足以下条件：

$$p \cdot A \leqslant C \cdot \chi \cdot L \tag{3-16}$$

式中：p 为水对浆体的压强；C 为浆液对岩壁的黏结强度；L 为浆液充填段长度；A 为封堵断面面积；χ 为封堵断面湿周。

此时，浆液所能抵抗的最大水头：

$$h \leqslant \frac{\chi \cdot L \cdot C}{\rho \cdot g \cdot A} \tag{3-17}$$

速凝类浆液与非速凝类浆液的封堵相比，还需考虑粗糙裂隙时浆液固结体的剪切力及剪切效应，以及浆液充填固结的空间形态等，情况较为复杂。但一般而言，速凝类浆液固结后与岩壁黏结紧密，可抵抗较大水头，基本可以满足工程动水注浆封堵的需要。

②浆液的凝胶现象能发生在管道内，即化学浆液在凝胶时间内未流出管道外。

该条件分为两种情况：一是注浆流量大于临界注浆流量 Q_e 时，浆液开始向上游扩散，则上游段化学浆液必然在管内凝胶固结；二是注浆流量 $Q_{注}<Q_e'$ 时，下游段浆液在凝胶时间内未流出管口外。

因此，首先在注浆时间上，应满足：

$$T > t_n \tag{3-18}$$

式中，T 为注浆持续时间；t_n 为浆液凝胶时间。其次，在注浆流量上：在满足 $Q_{注}>Q_e$ 条件下，浆液一定可以封堵；当 $Q_e<Q_{注}<Q_e'$，浆液不向上游扩散，被动水携带出管口，无法实现封堵。如试验3；在满足 $Q_{注}<Q_e'$ 条件时，浆液在凝胶时间内未流出管外时，即可成功封堵。但注浆流量 $Q_{注}$ 不能太小，否则浆液被水稀释凝胶时间大幅度增长。

Q_e 可用前述公式(3-15)确定。

(2) 临界注浆流量 Q_e'

有流量汇入时，能量的分配和流量的分配是个复杂的过程。此处对 Q_e' 进行探讨如下：

选取的控制体如图 3-23 所示。

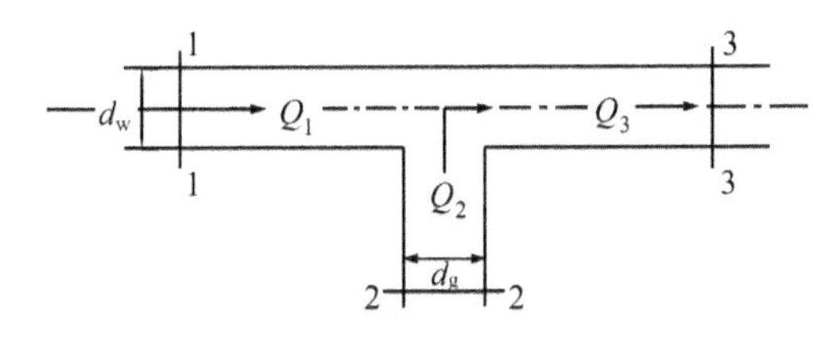

图 3-23　控制体

图中 Q_1 为动水流量，Q_2 为注浆流量，Q_3 为浆-水两相流流量。d_w 为动水管道内径，d_g 为注浆管道内径。浆液汇入动水水管后，顺水流流向下游。

设注浆孔下游段动水水管长度为 $l_下$，根据前述浆液封堵的第二条基本条件，可得

$$\frac{l_{下}}{v_3} > \xi \cdot t_n \tag{3-19}$$

则

$$v_3 < \frac{l_{下}}{\xi \cdot t_n} \tag{3-20}$$

式中，v_3 为浆-水混合流在注浆孔下游段的流速；t_n 为浆液的凝胶时间；ζ 为凝胶时间修正系数；浆液在运动情况下，凝胶时间通常发生变化，而且遇水流混合时，催化剂浓度降低，凝胶时间 t_n 也增大。

因此，满足公式(3-20)时的注浆流量 Q_2 即为能否实现有效封堵的注浆流量临界值 Q_e'。

在单位时间内，控制体内应满足全部重量流体的能量守恒。

对管道局部能量损失忽略不计，管道断面流体流速按平均流速考虑。对图 3-23 中控制体列断面总能量方程，得

$$\rho_1 g Q_1\left(z_1 + \frac{p_1}{\rho_1 g} + \frac{\alpha_1 v_1^2}{2g}\right) + \rho_2 g Q_2\left(z_2 + \frac{p_2}{\rho_2 g} + \frac{\alpha_2 v_2^2}{2g}\right) =$$

$$\rho_3 g Q_3\left(z_3 + \frac{p_3}{\rho_3 g} + \frac{\alpha_3 v_3^2}{2g}\right) + \rho_1 g Q_1 h_{w1-3} + \rho_2 g Q_2 h_{w2-3} \tag{3-21}$$

式中，ρ_1、ρ_2、ρ_3 分别为水的密度、浆液的密度、浆-水混合流的平均密度；Q_1、Q_2、Q_3 分别为断面 1-1 动水流量、断面 2-2 注浆流量、断面 3-3 浆-水混合流流量；α_1、α_2、α_3 分别为三个断面处的动能修正系数；h_{w1-3} 为断面 1-1 和断面 3-3 之间的沿程能量损失；h_{w2-3} 为断面 1-1 和断面 3-3 之间的沿程能量损失。

设想在汇流处有一分流面，将浆液和水分开，互不影响，因

此，式(3-21)可改写为：

$$z_1 + \frac{p_1}{\rho_1 g} + \frac{\alpha_1 v_1^2}{2g} \approx z_3 + \frac{p_3}{\rho_3 g} + \frac{\alpha_3 v_3^2}{2g} + h_{w1-3} \tag{3-22}$$

$$z_2 + \frac{p_2}{\rho_2 g} + \frac{\alpha_2 v_2^2}{2g} \approx z_3 + \frac{p_3}{\rho_3 g} + \frac{\alpha_3 v_3^2}{2g} + h_{w2-3} \tag{3-23}$$

若将断面1-1置于动水水源处，将断面2-2置于注浆机抽象的水源处，将断面3-3置于水管出口端。此时动能修正系数 α_1、α_2、α_3取1，并忽略位置水头 z 的影响，则此时 $v_1 = v_2 = 0$，$\frac{p_1}{\rho_1 g} = H_w$，$p_3 = 0$。

则公式(3-22)、公式(3-23)可分别简化为：

$$H_w \approx \frac{v_3^2}{2g} + h_{w1-3} \tag{3-24}$$

$$\frac{p_2}{\rho_2 g} \approx \frac{v_3^2}{2g} + h_{w2-3} \tag{3-25}$$

可以看出，下游管段中的流速 v_3的求解关键在于水头损失项的计算。

$$h_{w1-3} = S_1 Q_1^2 \tag{3-26}$$

$$h_{w2-3} = S_2 Q_2^2 \tag{3-27}$$

式中，S_1、S_2分别为动水和浆液流经管路的管路阻抗。

将泄流段的临界流速式(3-20)代入式(3-25)，并联立公式(3-24)~公式(3-27)，则可得

$$Q'_e < \sqrt{\frac{p_2}{S_2 \rho_2 g} - \frac{l_{下}^2}{S_2 2g \cdot \xi^2 \cdot t_n^2}} \tag{3-28}$$

因此，注浆流量 $Q_{注}$满足式(3-28)时，注浆亦可取得成功。公式(3-28)的关键是对混合流时阻抗 S_1、S_2的确定。注浆浆液黏度大，浆液的流动通常为层流状态，S_1、S_2可应用曼宁公式近似求解。

当然，该 Q'_e的封堵条件还需满足前提条件

$$v_w < \frac{l_{下}}{t_n} \tag{3-29}$$

式中，v_w 为注浆之前的管道动水原流速。

总体而言，前述速凝类浆液在动水管道中实现成功封堵的基本条件①和②，可用式(3-16)、式(3-15)、式(3-18)、式(3-28)、式(3-29)进行解析阐述。

第4章　裂隙动水注浆模型试验研究

4.1 概述

裂隙是岩体地下水赋存和运移最常见的空隙介质类型。裂隙过水断面的形态与管道大不一样。无论是水在其中的流动还是浆液的扩散，其内在规律均存在差异。

近年来，部分学者进行了动水条件下裂隙岩体的水泥注浆试验研究。由于注浆试验工作程序繁琐复杂，试验数量较少，且考虑分析的因素和条件较为简单，因此对浆液在动水环境下扩散运移及封堵机理的认识还显得不足。本章主要介绍单一裂隙动水条件下的注浆试验研究。试验采用凝胶时间可调控的化学浆液进行，并重点探讨其在不同边界条件、不同动水流速等因素下的扩散封堵规律。

4.2 裂隙动水注浆模型试验系统

4.2.1 功能要求

岩体裂隙动水条件下注浆封堵的效果受自然因素和工程因素(如裂隙开度、充填情况、动水流速、注浆速率、浆液胶凝时间、注浆量)等多因素的影响。要满足室内开展多因素条件下岩体裂隙动水注浆封堵效果及影响因素试验研究，并分析动水注浆过程中浆液在岩体裂隙中的扩散规律等，试验平台系统应该满足以下条件：

①能够提供不同水头高度且流速可调控的稳定动水水流；

②要能够实现双液注浆，并且注浆流量可以调节；

③要有完备的数据采集设备和视图采集设备，以保证试验过程中能对动水流速、孔隙水压力、注浆流量、浆压等进行自动监测；

④能够全时记录注浆过程浆液流动状态以进行后期浆液扩散图像处理分析；

⑤模拟岩体裂隙的材料要透明可视化且性质稳定，不受化学浆液腐蚀影响。

4.2.2　试验平台系统设计

根据试验平台系统功能要求，设计模拟岩体裂隙动水注浆试验平台系统，主要包括动水装置系统、双液注浆系统、模拟岩体裂隙、数据采集系统及图像采集系统，试验平台系统如图 4-1 所示，室内实际试验系统配置如图 4-2 所示。

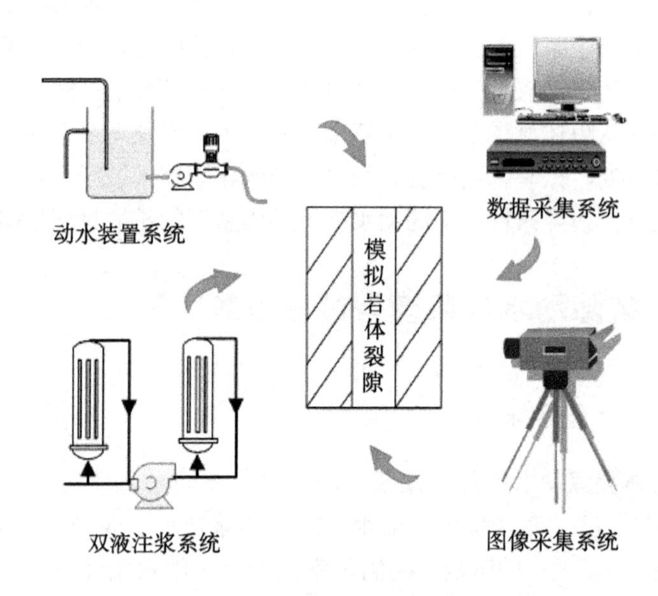

图 4-1　试验平台系统示意图

试验平台系统所采用的动水模拟装置、注浆设备、数据采集设备等均与前一章节管道注浆模型试验系统一致。

4.2.3　裂隙模拟材料选择及可行性分析

试验所需的模拟岩体裂隙的材料，需具备以下要求：具有高透明度，以满足试验过程的可视化；所用材料应有较高的硬度和强度，变形小，避免试验注浆过程中产生鼓胀而改变裂隙开度；化学性质稳定耐腐蚀，不能与改性脲醛树脂浆液产生化学反应，特别是草酸溶液；表面具有一定的摩擦，特别是要与胶凝的改性脲醛树脂

1—定水头装置；2—动水管路；3—注浆机；4—实验平台；5—亚克力板；6—流量传感器及积算仪；7—孔隙水压力传感器；8—数据采集仪；9—计算机；10—高速相机

图 4-2 模拟岩体裂隙动水注浆试验平台

浆液产生较大的黏结力；同时应该满足多次循环使用，且密封效果好的特点。经过对市场上各种透明材料的多方面考察和试验，确定了使用高性能亚克力板材作为模拟岩体裂隙的材料，同时针对试验需求进行了相关性能测试。

1. 亚克力板(PMMA)基本性能

亚克力板即聚甲基丙烯酸甲酯 Polymeric Methyl Methacrylate (PMMA)板材，俗名特殊处理有机玻璃。具有高透明度，透光率在92%以上，有“塑胶水晶”之美誉，视觉清晰，满足试验要求。同时亚克力板具有极佳的耐候性，较高的表面硬度，邵氏硬度 25 度以上，其耐磨性与铝材接近，稳定性好，耐多种化学品腐蚀。

亚克力板具有良好的综合力学性能，在通用塑料中居前列，拉伸、弯曲、压缩等强度均高于聚烯烃，也高于聚苯乙烯、聚氯乙烯等。一般而言，聚甲基丙烯酸甲酯的拉伸强度可达到 50～77MPa 水平，弯曲强度可达到 90～130MPa，这些性能数据的上限已达到甚至超过某些工程塑料。其断裂伸长率仅 2%～3%，故力学性能特征基本上属于硬而脆的塑料，且具有缺口敏感性。聚甲基丙烯酸甲酯的强度与应力作用时间有关，随作用时间增加，强度下降。

此外，亚克力板材料具有良好的耐酸和耐腐蚀性，并在大气环境下具有良好的耐老化性。其试样经 4 年自然老化试验，重量变化，拉伸强度、透光率略有下降，冲击强度还略有提高，其他物理性能几乎未变化。

根据试验对模拟岩体裂隙材料性能的要求，亚克力板用于在注浆试验中作为模拟岩体裂隙材料可以满足要求。

2. 模拟材料与浆液黏结力测试

岩体裂隙在发生涌水过程中进行化学注浆封堵，浆液胶凝固化与裂隙岩壁之间的黏结力(最大静摩擦力)能否抵抗水压是成功封堵治理的关键因素之一。室内模拟试验时，所用化学浆液(改性脲醛树脂)胶凝固化后与模拟岩体裂隙材料的亚克力板之间形成较大有效的黏结力时，才能实现注浆封堵的效果。

(1)测试方法及设备

1)计算方法

对于特定的裂隙注浆，浆液在裂隙中的扩散面积随注浆量的变化而不同，浆液固化后与裂隙表面之间形成的最大黏结力随浆液与裂隙岩壁的接触面积的不同而变化，因此要测定浆液固化后与裂隙壁单位面积上产生的最大黏结力 c 。基于此，将裂隙岩壁考虑成轮廓线平行无起伏的理想形态，假定乙液浓度为 $x\%$ ，在浆液混合固化 t 时刻，理论计算模型如图 4-3 所示。

则存在以下关系式：

$$\tau_0 = cA \tag{4-1}$$

$$A = 2(L + b)l \tag{4-2}$$

$$\tau_0 = F \tag{4-3}$$

式中，l 为裂隙长度；L 为裂隙宽度；b 为裂隙开度；A 为裂隙总表面积；τ_0 为浆液与裂隙岩壁间产生的最大黏结力；F 为均布施加

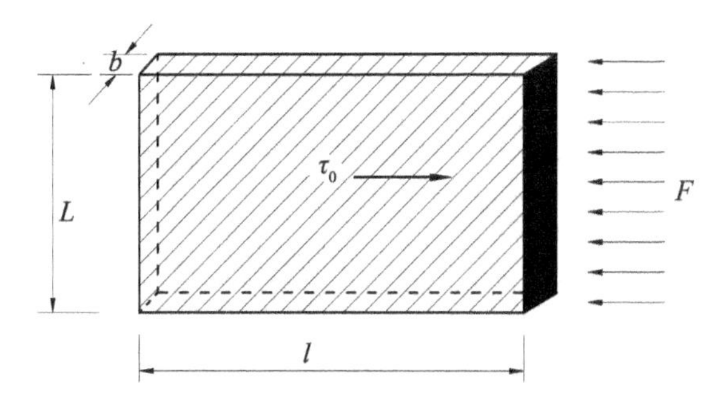

图 4-3 单位面积最大黏结力计算模型图

在固化浆液截面最大合力。

由式(4-1)~式(4-3)得：

$$c=\frac{\tau_0}{A}=\frac{F}{2(L+b)l} \tag{4-4}$$

所以，对于 $x\%$ 浓度的草酸与树脂浆液混合固化反应 t 时间后，沿裂隙水平方向对裂隙截面浆液施加合力为 F 的均布荷载，测试使浆液与模拟裂隙产生滑动的最大值，即可根据式(4-4)计算 c 值。

2)测试设备

根据试验所要满足的条件自行选择并组装试验设备，主要包括：注浆设备、模拟裂隙、测力设备和计时器四部分组成，其测试组配情况如图 4-4 所示。

注浆机：选用改进型 XD-1190 型高压电动注浆机，该注浆机在出厂原机型的基础上自行进行了改装，可控制电机功率，驱动电钻最大额定功率为 600 W，最高转速达 2000 r/min，注浆流量在 0~0.6 L/min 范围内可调，注浆压力最大可达 1.5MPa，机体重量 7 kg，移动方便。

注浆管路：选用最高硬度级别为 95A 的透明热塑性聚氨酯橡胶硬管(TPU)和快速插拔接头组成。分流注浆管外径 $D=8$mm(内径 $d=5$mm)，长$_{1分1=1分2}=0.3$m；汇流注浆管外径 $D=10$mm(内径 $d=6.5$mm)，长$_{1汇}=0.5$m，通过三通接头可组成双液注浆管路，并

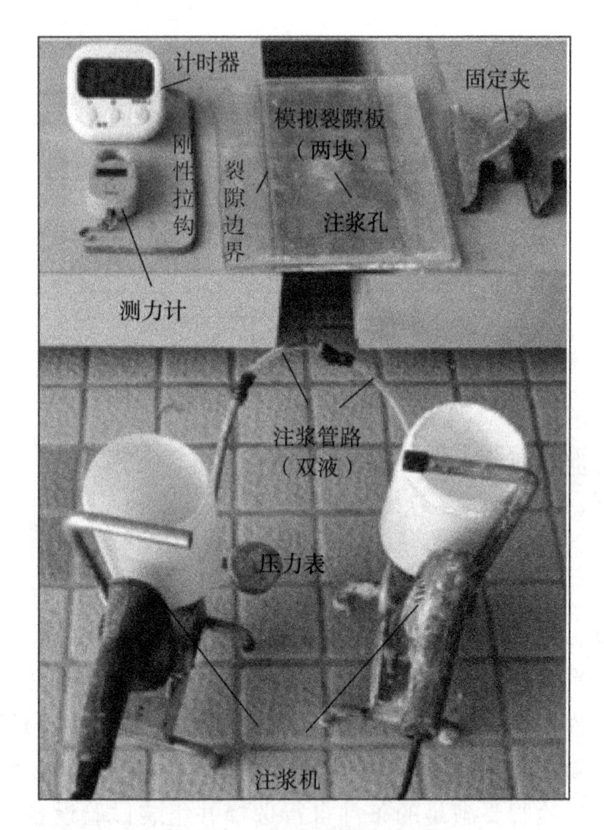

图 4-4　c 值测试装置设备图

连接压力表测注浆压力等。

模拟裂隙：使用与模拟岩体裂隙动水注浆试验规格性质相同的亚克力板，分上下两块，下板中间设置有与注浆管外径相同的注浆孔。模拟裂隙长、宽、开度及总表面积，见表 4-1。

测力设备由测力计和刚性拉钩组成。测力计最小精度为 0. 1N，刚性拉钩直径为 5. 8mm，力学测试极限抗弯承载力大于 300N，满足本测试试验要求。

计时器为可计时、倒计时及定时的电子秒表。

表 4-1 **模拟裂隙物理指标**

裂隙长度 l(m)	裂隙宽度 L(m)	裂隙开度 b(m)	总表面积 A(m^2)
0.13	0.1	0.006	0.02756

(2)测试结果分析

根据试验所选需要的各因素水平，分别对浆液初凝时间为 $t_1=33.4s$，$t_2=65.1s$，$t_3=92.8s$，$t_4=113.2s$，所对应的乙液百分含量浓度为15%，9%，5%，3%草酸溶液与等体积脲醛树脂溶液混合注浆。浆液双液注入裂隙后在间隔 t 时刻(浆液初始注入裂隙时计 $t=0$)测定最大黏结力 F 及换算单位黏结力 c 值，其结果见表4-2。

改性脲醛树脂浆液在与不同浓度草酸聚合固化过程中，与模拟裂隙岩壁间形成的单位面积黏结力 c 随时间变化关系曲线如图4-5所示。

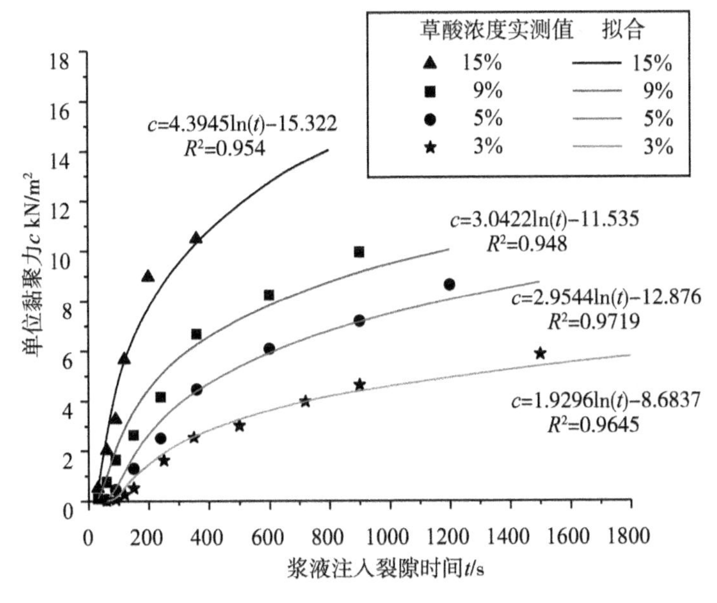

图 4-5 浆液与模拟裂隙 c 随反应时间变化关系

可以发现以下规律：

①改性脲醛树脂浆液由于其黏时变特性，甲、乙液混合固化过程中与模拟裂隙间形成的黏结力随时间不断变化，且混合固化反应时间越长黏结力越大，基本符合对数函数关系：$c_t = \alpha \ln(t) + \beta$（$\alpha$，$\beta$ 与草酸浓度及配比有关）。

表 4-2　**裂隙与浆液随固化反应时间的黏结力测试结果**

乙液浓度（%）	初凝时间 t_0（s）	浆液注入时间 t（s）	最大黏结力 F（N）	单位黏结力 c（kN/m^2）
15	33.4	0	0	0.00
		30	14.31	0.52
		60	56.13	2.04
		90	90.36	3.28
		120	156.31	5.67
		200	247.1	8.97
		360	289.36	10.50
9	65.1	0	0	0.00
		30	2.71	0.10
		60	21.01	0.76
		90	45.47	1.65
		150	72.96	2.65
		240	114.72	4.16
		360	184.1	6.68
		600	226.98	8.24
		900	274.36	9.96

续表

乙液浓度（%）	初凝时间 t_0（s）	浆液注入时间 t（s）	最大黏结力 F（N）	单位黏结力 c（kN/m^2）
5	92.8	0	0	0.00
		60	1.75	0.06
		90	12.53	0.45
		150	35.69	1.29
		240	69.43	2.52
		360	123.18	4.47
		600	167.49	6.08
		900	198.35	7.20
		1200	237.98	8.63
3	113.2	0	0	0.00
		60	0.679	0.02
		90	1.91	0.07
		120	7.03	0.26
		150	14.23	0.52
		250	44.8	1.63
		350	70.21	2.55
		500	83.1	3.02
		720	109.73	3.98
		900	127.91	4.64
		1500	161.43	5.86

②浆液初凝时间越短（乙液草酸浓度越高），单位黏结力增大越快，且最终趋于稳定值越大。

③单位黏结力 c 值变化可分为三个阶段：

a. 初始阶段（$0\sim t_0$，t_0 为浆液的初始胶凝时间），甲乙溶液混合接触还未来得及完成化学反应，暂未形成固化强度，此阶段 c 值增长缓慢；

b. 固化阶段($t_0 \sim 5t_0$)，此阶段浆液充分混合发生化学反应，胶凝固化速度较快，c 值急速增大；

c. 稳定阶段($>5t_0$)，甲乙溶液化学反应接近尾声，浆液固化强度缓慢增长趋于稳定，c 值增速减缓，并最终趋于稳定值。

改性脲醛树脂浆液与模拟岩体裂隙材料亚克力板之间能在浆液达到胶凝时间后的短时间内产生较大的黏结力。初始阶段($0 \sim t_0$)，浆液与亚克力板间黏结力较小，此时间段正是注浆浆液在裂隙中充分扩散充填阶段；固化阶段($t_0 \sim 5t_0$)，浆液充分发生胶凝固化反应，与亚克力板间形成的黏结力增速较快，此阶段是浆液固化实现堵水的有效阶段。

综上所述，注浆材料选择改性脲醛树脂，模拟岩体裂隙材料使用亚克力板是可行的。

4.3　试验设计

4.3.1　试验因素水平的确定

对浆液扩散形态及规律构成影响的因素主要包括：地下水水头、地下水流速、裂隙断面形态特征、注浆压力、注浆流量、浆液性质等。而过水(浆液)断面一定的条件下，地下水水头与流速、注浆压力与注浆流量呈函数关系。因此，本试验主要考虑试验的动水流速、裂隙模型张开度、浆液胶凝时间及注浆流量四个因素。

(1)动水流速(*A*)

结合相似理论，限于室内动水装置水头高度，考虑岩体裂隙的动水平面流速，对正交试验设计动水流速取 1cm/s，2cm/s，3cm/s，4cm/s 四个水平。

(2)裂隙模型张开度(*B*)

试验模拟有限边界裂隙，有效宽度为 250mm，长度 1000mm，如图 4-6 所示。亚克力板一端开有进水孔，靠近进水孔设有凹槽，使水流经过凹槽转换成动水平面流后进入裂隙；注浆孔内径 12mm，设置在距离凹槽 300mm 处，如图 4-6 所示位置；距离注浆孔上下游各 100mm、300mm 处分别开有孔隙水压力传感器连接孔，孔径 8mm；在裂隙末端均匀分布 3 个直径 20mm 的出水孔，模拟裂隙突水口并连接水管汇合后可测裂隙动水出流流量。

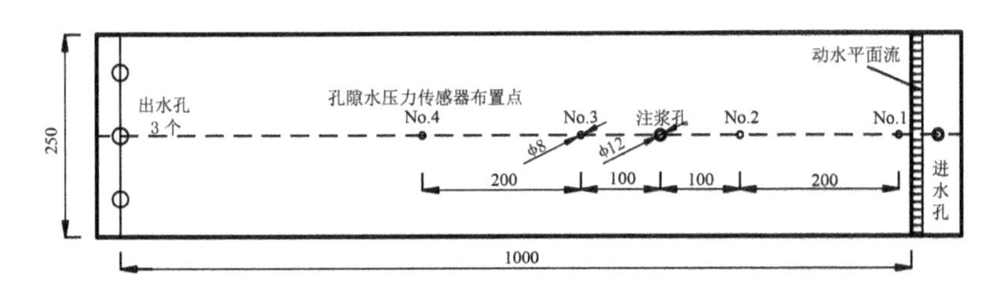

图 4-6 试验模拟裂隙及传感器布置

裂隙开度用平直且细长的塑胶条置于两层亚克力板之间模拟，分别取 1.0mm，2.0mm，3.0mm，4.0mm 四个水平。

(3) 浆液胶凝时间(C)

根据上一章节介绍，通过改变乙液草酸的浓度使浆液的胶凝时间在 22.6~161.8s 可调，考虑试验所需浆液胶凝时间不同水平和浆液配制操作的便捷，试验配制了 15%，9%，5%，3%浓度的草酸溶液，所对应的浆液胶凝时间分别为 $t_1 = 33.4$s，$t_2 = 65.1$s，$t_3 = 92.8$s，$t_4 = 113.2$s，确定四个胶凝时间水平。

(4) 注浆流量(D)

结合裂隙尺寸四水平，考虑注浆机功率可调范围，双液注浆流量取 200mL/min，400mL/min，600mL/min 和 800mL/min 四个水平。

4.3.2 正交试验设计

利用正交试验设计，用正交表安排多因素试验即可实现分式析因，本部分试验设计四因素四水平，按正交表设计试验 $L_{16}(4^5)$ = 16 组，正交试验设计见表 4-3。

表 4-3　　岩体裂隙动水注浆 $L_{16}(4^5)$ 正交试验设计表

试验编号 No.	因素水平分配	试验因素和水平			
		动水流速 *A*(cm/s)	裂隙开度 *B*(mm)	浆液胶凝时间 *C*(s)	注浆流量 *D*(mL/min)
1	*A*1*B*1*C*1*D*1	1	1	33.4	200
2	*A*1*B*2*C*2*D*2	1	2	65.1	400
3	*A*1*B*3*C*3*D*3	1	3	92.8	600
4	*A*1*B*4*C*4*D*4	1	4	113.2	800
5	*A*2*B*1*C*2*D*3	2	1	65.1	600
6	*A*2*B*2*C*1*D*4	2	2	33.4	800
7	*A*2*B*3*C*4*D*1	2	3	113.2	200
8	*A*2*B*4*C*3*D*2	2	4	92.8	400
9	*A*3*B*1*C*3*D*4	3	1	92.8	800
10	*A*3*B*2*C*4*D*3	3	2	113.2	600
11	*A*3*B*3*C*1*D*2	3	3	33.4	400
12	*A*3*B*4*C*2*D*1	3	4	65.1	200
13	*A*4*B*1*C*4*D*2	4	1	113.2	400
14	*A*4*B*2*C*3*D*1	4	2	92.8	200
15	*A*4*B*3*C*2*D*4	4	3	65.1	800
16	*A*4*B*4*C*1*D*3	4	4	33.4	600

4.4　裂隙动水注浆试验堵水效果分析

4.4.1　堵水效果评判标准

在工程实践中，由于地质条件的复杂性及隐蔽性，注浆停止的标准往往通过观测注浆压力、注浆流量、注浆时间、涌水量变化等指标来判定。室内模拟岩体裂隙动水注浆结束后，评价注浆堵水效果好坏时首先要有固定的评价标准，基于其注浆过程动水流量全程监测，可以计算堵水的全部过程，因此，可以根据堵水率指标评价封堵效果。

堵水率(SE)：注浆结束稳定后，动水流量减小值与初始动水流量的比值定义为堵水率(SE)，可用式(4-5)表示：

$$SE(\%) = \frac{Q_0 - Q_g}{Q_0} \cdot 100 \tag{4-5}$$

其中，Q_0 为注浆前初始动水流量；Q_g 为注浆结束后动水流量。

基于课题组已取得的成果和试验研究，定义了堵水率与注浆堵水效果分类等级评判表，根据堵水率的范围将注浆堵水效果划分了6个等级，详见表4-4。

表4-4　**注浆堵水效果分类等级评判标准表**

等级	堵水率(SE)(%)	注浆效果
G1	90≤SE	非常好
G2	80≤SE<90	好
G3	50≤SE<80	一般
G4	30≤SE<50	差
G5	10≤SE<30	非常差
G6	10>SE	失败

4.4.2 注浆堵水效果及动水流量变化过程分析

(1) 注浆堵水效果

根据正交试验设计表，室内条件下进行了裂隙动水注浆封堵试验共计16组，对各组试验注浆过程中裂隙开口末端的动水流量变化情况进行了监测和分析。各组试验注浆堵水率与堵水效果见表

4-5，注浆堵水分布效果如图 4-7 所示。

从试验结果可以看出，正交试验在各不同组合的试验因素条件下，注浆堵水率最小的为 6.13%，最大为 96.73%，注浆堵水效果从“失败”到“非常好”分布于 6 个等级，这为后续详细分析影响裂隙注浆堵水效果因素提供了依据和保障条件。

表 4-5　　**正交试验注浆堵水率与堵水效果表**

试验序号 No.	试验因素水平	裂隙动水流速 v_0 (cm/s)	裂隙初始动水流量 Q_0 (mL/min)	注浆结束水流量 Q_g (mL/min)	堵水率 SE(%)	堵水效果
1	*A*1*B*1*C*1*D*1	1	150	4.5	96.73	非常好
2	*A*1*B*2*C*2*D*2	1	300	54	82.28	好
3	*A*1*B*3*C*3*D*3	1	450	121.5	73.33	一般
4	*A*1*B*4*C*4*D*4	1	600	168	71.57	一般
5	*A*2*B*1*C*2*D*3	2	300	24	92.25	非常好
6	*A*2*B*2*C*1*D*4	2	600	99	83.50	好
7	*A*2*B*3*C*4*D*1	2	900	513	43.24	差
8	*A*2*B*4*C*3*D*2	2	1200	372	68.91	一般
9	*A*3*B*1*C*3*D*4	3	450	76.5	83.00	好
10	*A*3*B*2*C*4*D*3	3	900	297	67.05	一般
11	*A*3*B*3*C*1*D*2	3	1350	810	40.00	差
12	*A*3*B*4*C*2*D*1	3	1800	1566	12.96	非常差
13	*A*4*B*1*C*4*D*2	4	600	489	18.40	非常差
14	*A*4*B*2*C*3*D*1	4	1200	1110	7.48	失败
15	*A*4*B*3*C*2*D*4	4	1800	1606.5	10.83	非常差
16	*A*4*B*4*C*1*D*3	4	2400	2250	6.13	失败

(2)裂隙注浆过程动水流量变化分析

通过裂隙末端与出水口相连接的流量传感器及废液收集桶底处的电子称配合监测并记录了试验过程中动水流量数据，计算分析了裂隙注浆过程中及注浆前后动水流量变化，并绘制了各组试验过程中动水流量变化曲线。根据其变化规律可以将单一平面裂隙动水注浆封堵试验过程中水流量变化曲线分为两类：单峰值递减型、多峰值波动型。并且与注浆堵水治理效果呈相对应关系，单峰值递减型所对应注浆堵水率均在50%以上，注浆治理效果分布于“非常好”、“好”、“一般”三个等级，注浆结束稳定后浆液在裂隙中留存整体较完整，部分组试验注浆结束后出现水流冲刷通道；多峰值波动型所对应注浆堵水率在50%以下，注浆治理效果分布于“差”、“非常差”和“失败”三个等级，注浆结束稳定后浆液在裂隙中留存不完整，支离破碎。

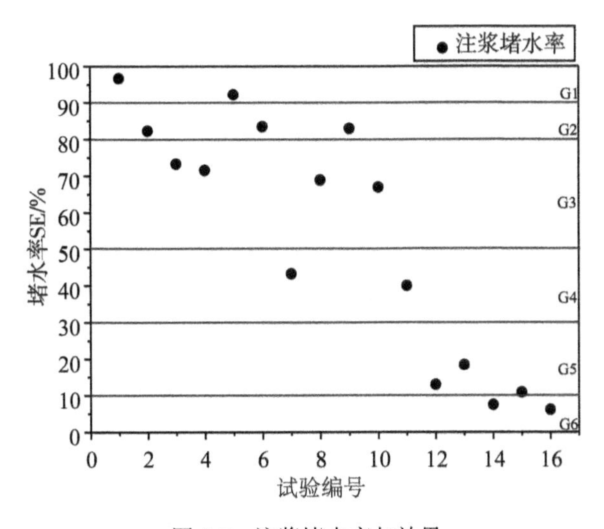

图 4-7　注浆堵水率与效果

1)单峰值递减型

单峰值递减型又可根据注浆试验结束稳定后动水流量最终稳定

值的大小以及裂隙中浆液的留存完整度分为单峰值递减闭合型和单峰值递减通道型。

①单峰值递减闭合型：单峰值递减闭合型所对应的试验为No. 1、No. 2、No. 5、No. 6、No. 9，其试验过程中动水流量变化曲线和对应注浆结束稳定后裂隙浆液留存情况如图4-8所示。

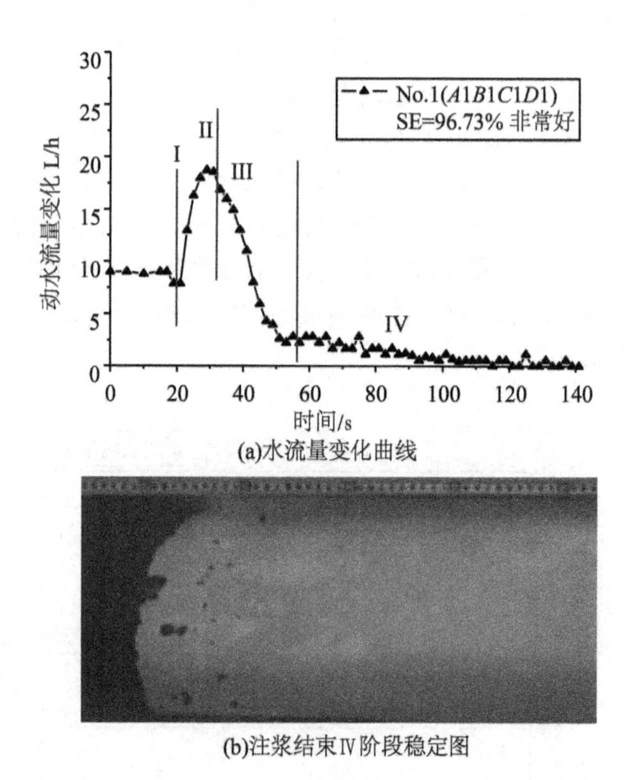

(a)水流量变化曲线

(b)注浆结束Ⅳ阶段稳定图

No. 1

图4-8-A　单峰值递减注浆水流量变化曲线、闭合型堵水及裂隙浆液留存

单峰值递减闭合型曲线可划分为四个阶段进行描述，其中Ⅱ、Ⅲ阶段同时也是注浆持续阶段。各阶段变化规律和分析如下：

Ⅰ——初始平稳阶段。此阶段动水流量为正交试验设计表中该组动水流速所对应值，水流平稳无较大起伏。

Ⅱ——陡增峰值阶段。此阶段动水流量短时间内急剧增大并达

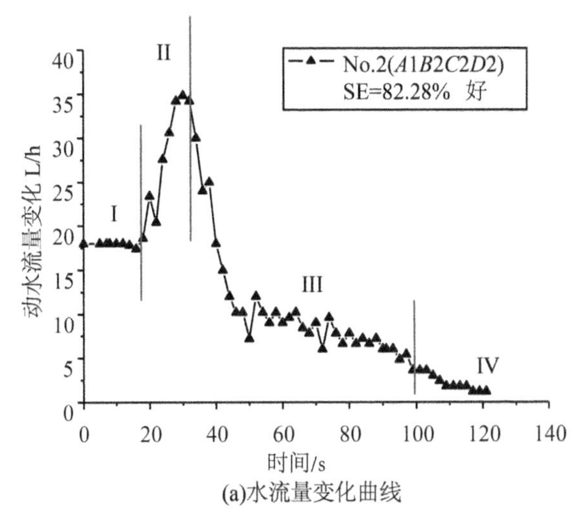

(a)水流量变化曲线

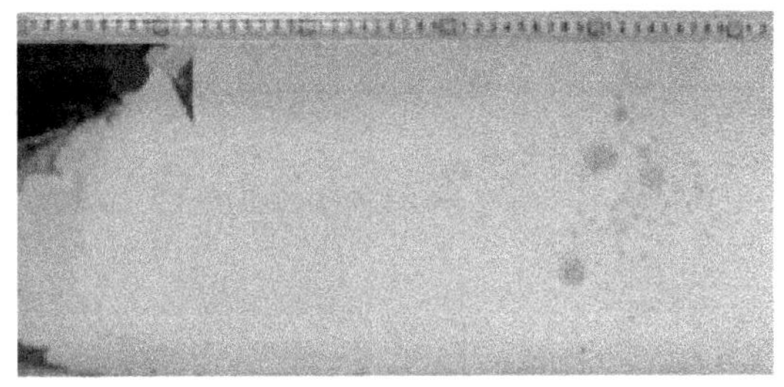
(b)注浆结束Ⅳ阶段稳定图

No. 2

图 4-8-B　单峰值递减注浆水流量变化曲线、闭合型堵水及裂隙浆液留存

到一峰值。开始注浆后较短时间阶段浆液被一起注入到裂隙，裂隙中原来单一动水平衡状态被打破，裂隙中原有稳定的动水水流被突然注入的化学浆液驱赶，此时间段注入的化学双液接触但还未来得及发生胶凝反应，仍为低黏性流体，裂隙中此阶段为化学浆液和动水两种流体运动，裂隙末端测得动水流量达到峰值。

Ⅲ——逐渐减小阶段。此阶段动水流量从峰值点逐渐减小。随着持续注浆的进行，形成稳定注浆，浆液逐渐扩散到裂隙的边缘，裂隙横断面上实现了动水水流的部分有效阻隔；且此时刻最初注入的化学浆液已达胶凝时间并逐渐固结，与裂隙壁产生有效黏结力，

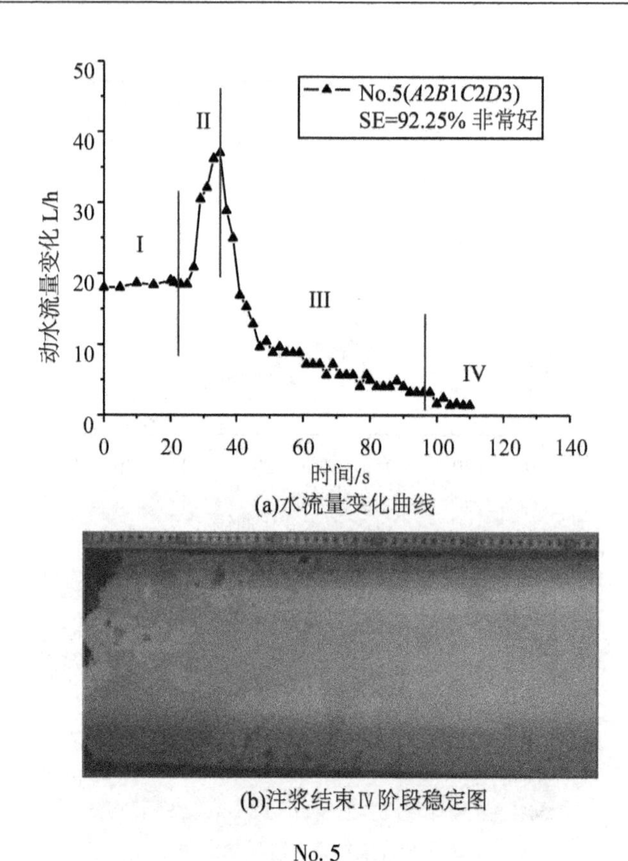

(a)水流量变化曲线

(b)注浆结束Ⅳ阶段稳定图

No. 5

图 4-8-C　单峰值递减注浆水流量变化曲线、闭合型堵水及裂隙浆液留存

浆液形成整体，推移速度越来越慢，裂隙中留存的水在注浆压力和持续注入浆液推动下运动。此阶段由于浆液扩散形成有效封堵和浆液自身凝固与裂隙壁间产生黏结力双重影响下，裂隙末端测得水流量明显减小。

Ⅳ——趋于稳定阶段。此阶段动水流量减小到一定程度后趋于稳定值并接近 0。注浆结束，浆液扩散布满裂隙整个横断面，裂隙中浆液固结完好呈整体，形成了动水水流的有效封堵，部分组试验裂隙边缘有细小水流通道，裂隙中留存的浆液和水达到平衡状态，测得水流量趋于 0 的稳定值。

单峰值递减闭合型曲线所对应的正交试验设计中各因素水平达

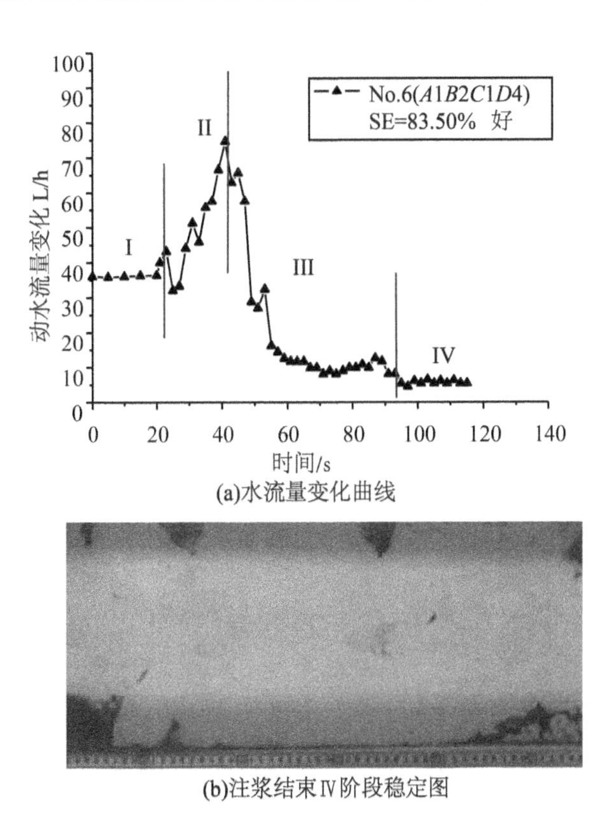

(a)水流量变化曲线

(b)注浆结束Ⅳ阶段稳定图

No. 6

图 4-8-D　单峰值递减注浆水流量变化曲线、闭合型堵水及裂隙浆液留存

到了动水注浆封堵治理的设计要求，其对应各组试验注浆堵水率均高于 80%，注浆堵水效果较好，注浆结束后浆液扩散并填充布满了模拟裂隙整个横断面，浆液胶凝固结体在裂隙中留存完整，如图 4-8(b)各组试验注浆结束后裂隙浆液稳定留存，实现了裂隙动水的有效封堵。

②单峰值递减通道型：单峰值递减通道型所对应的试验为 No. 3、No. 4、No. 8、No. 10，试验过程中动水流量变化曲线和对应注浆结束稳定后裂隙浆液留存情况如图 4-9 所示。

类比单峰值递减闭合型曲线变化规律，同理单峰值递减通道型曲线也可划分为四个阶段进行描述分析，Ⅱ、Ⅲ阶段为注浆持续阶

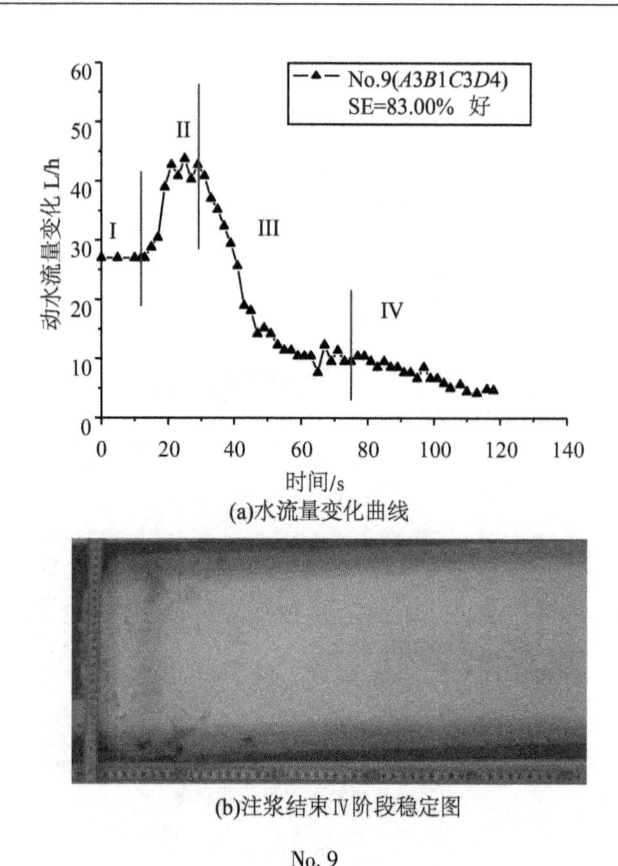

(a)水流量变化曲线

(b)注浆结束Ⅳ阶段稳定图

No. 9

图 4-8-E　单峰值递减注浆水流量变化曲线、闭合型堵水及裂隙浆液留存

段。其中第Ⅰ和第Ⅱ阶段与前述规律相同，此处不再做详细描述。

Ⅰ——初始平稳阶段。

Ⅱ——陡增峰值阶段。

Ⅲ——逐渐减小阶段。此阶段动水流量从峰值点逐渐减小，但其减小速率小于单峰值递减闭合型曲线。分析原因，随着持续注浆的进行，浆液逐渐扩散至裂隙侧边界，裂隙横断面上实现了动水水流的部分阻隔作用，随时间最初注入的化学浆液已达胶凝时间并逐渐固结，与裂隙壁产生有效黏结力，但由于动水冲刷等因素影响，在裂隙侧边界或者浆液固结体中间形成了较大冲刷通道，并没有实现动水的完全封堵。此阶段由于浆液的扩散及固结留存的积累，裂

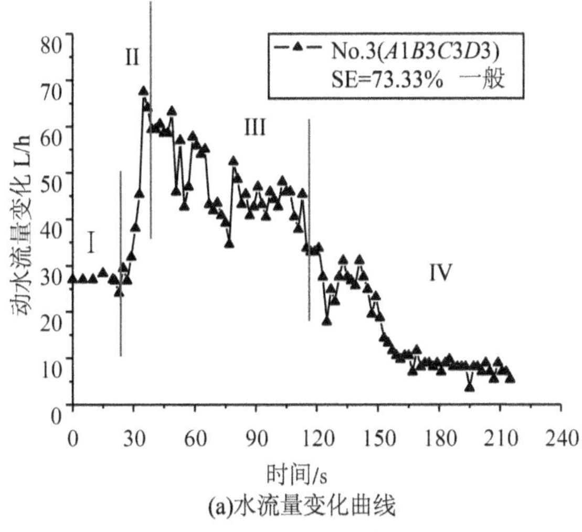

(a)水流量变化曲线

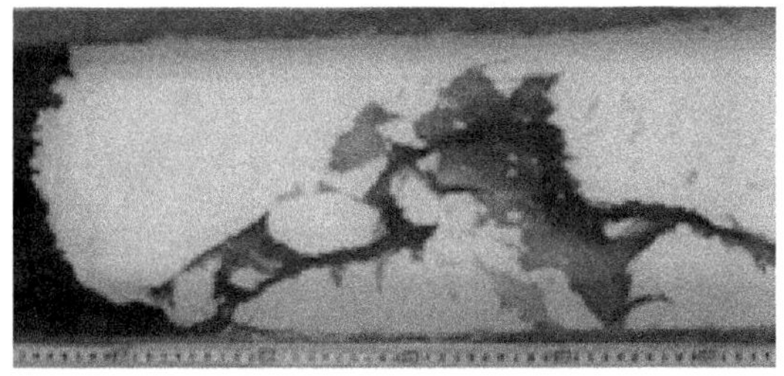

(b)注浆结束Ⅳ阶段稳定图

No. 3

图 4-9-A 单峰值递减动水流量变化曲线，通道型冲刷及浆液留存

隙末端测得的水流量逐渐减小，但由于仍然存在冲刷通道，动水流量减小速率小于单峰值递减闭合型曲线。

Ⅳ——趋于稳定阶段。此阶段动水流量减小到一定程度后趋于稳定值。注浆结束，虽然裂隙中浆液在充分扩散，但因仍在裂隙边缘等形成了水流通道，裂隙中浆液固结体被分割，并没有形成动水水流的完全封堵。此阶段穿过浆液固结体的水流达到稳定状态，裂隙末端测得水流量趋于稳定值。

单峰值递减通道型曲线所对应正交试验设计中各因素水平虽然满足了浆液扩散半径要求，但是并没有完全达到动水注浆封堵治理

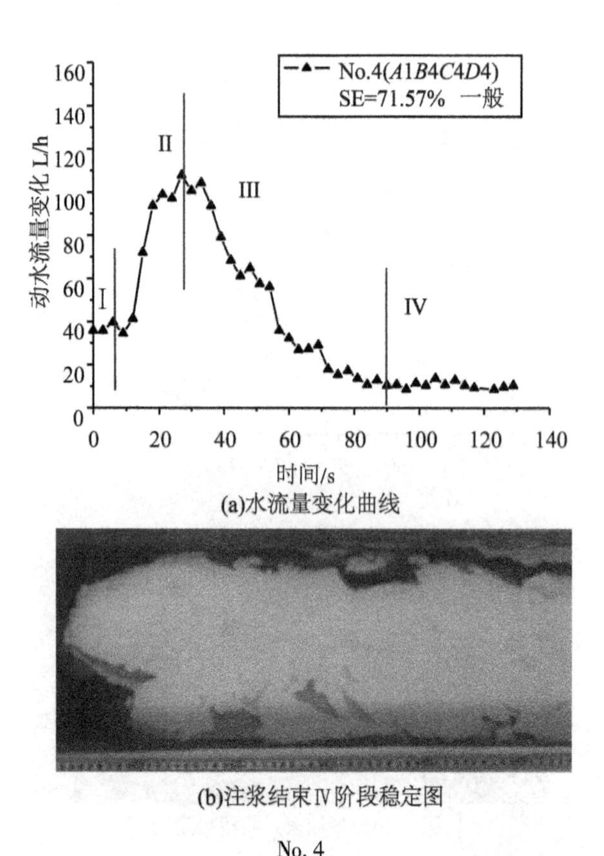

(a)水流量变化曲线

(b)注浆结束Ⅳ阶段稳定图

No. 4

图 4-9-B　单峰值递减动水流量变化曲线，通道型冲刷及浆液留存

的设计效果，其对应各组试验注浆堵水率介于 50%～80%，注浆堵水效果一般。注浆结束后裂隙浆液固结体中形成稳定溃水通道，如图 4-9 中各组试验Ⅳ阶段所对应图(b)所示。

2)多峰值波动型

多峰值波动型所对应的试验为 No. 7、No. 11、No. 12、No. 13、No. 14、No. 15、No. 16，其试验过程中动水流量变化曲线和对应注浆结束稳定后裂隙浆液留存情况如图 4-10 所示。

与单峰值递减型曲线不同，多峰值波动型曲线可划分为三个阶段进行描述，由于注浆结束后动水仍然存在冲刷作用，动水流速要

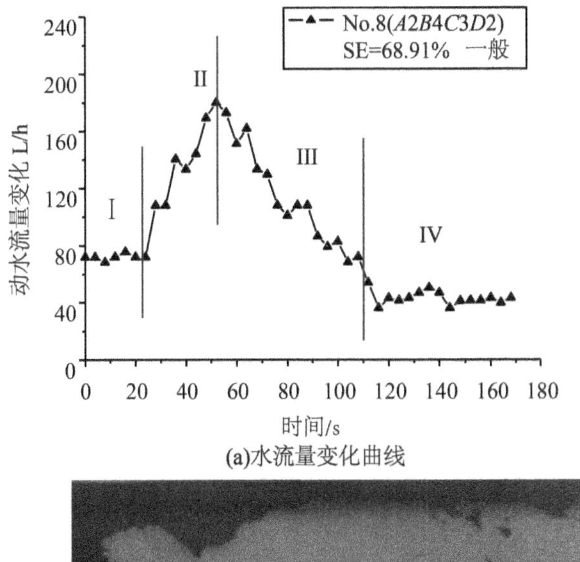

(a)水流量变化曲线

(b)注浆结束Ⅳ阶段稳定图

No. 8

图 4-9-C 单峰值递减动水流量变化曲线，通道型冲刷及浆液留存

持续一段时间才稳定下来，各组试验中注浆结束时刻用 $t_{注}$ 标记。各阶段变化规律和分析如下：

Ⅰ——初始平稳阶段。

Ⅱ——多峰值波动阶段。此阶段动水流量增大但并不平稳，有多个峰值起伏。试验初始阶段浆液被注入到裂隙，裂隙中原来单一动水平衡状态被打破，裂隙中原有稳定的动水水流被突然注入的化学浆液驱赶，此时间段注入的化学双液接触但还未来得及发生胶凝反应，裂隙中为化学浆液和动水两种流体运动，裂隙末端测得的动水流量增大并达到第一个峰值；随时间推移，浆液逐渐扩散并部分开始胶凝，裂隙横断面上出现局部浆液凝固体，短时刻达到阻隔水

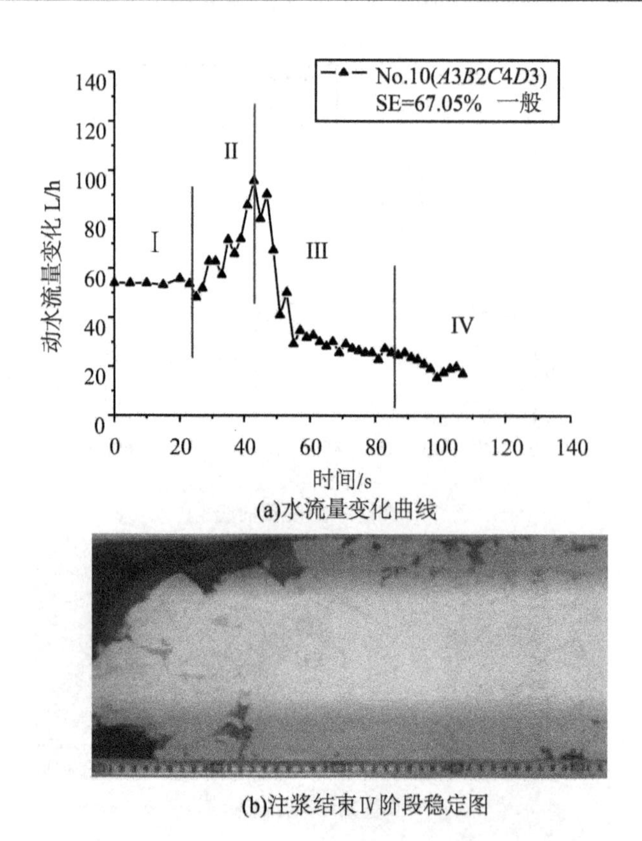

(a)水流量变化曲线

(b)注浆结束Ⅳ阶段稳定图

No. 10

图 4-9-D　单峰值递减动水流量变化曲线，通道型冲刷及浆液留存

流的效果，裂隙末端测得的动水流量为该阶段中的低谷值；但由于动水流速过快等因素影响，裂隙中已经胶凝的浆液固结体被突然冲散或冲开，而加之此时新注入的浆液还未来得及发生胶凝，裂隙中动水和新注入浆液及被冲散的固结浆液散体共同流出，裂隙末端测得的动水流量值达到另一个峰值；注浆过程中及注浆结束的一段时间内，动水流量峰值与低谷往复出现，呈现多峰值波动。

Ⅲ——趋于稳定阶段。此阶段动水流量趋于稳定值。注浆结束一段时间后，裂隙浆液被冲开形成稳定溃水通道，或者被冲散呈多个浆液固结块体形成多个溃水通道，浆液堵水效果较差。此阶段动水水流流经裂隙中被冲散或冲开的溃水通道最终达到稳定状态。

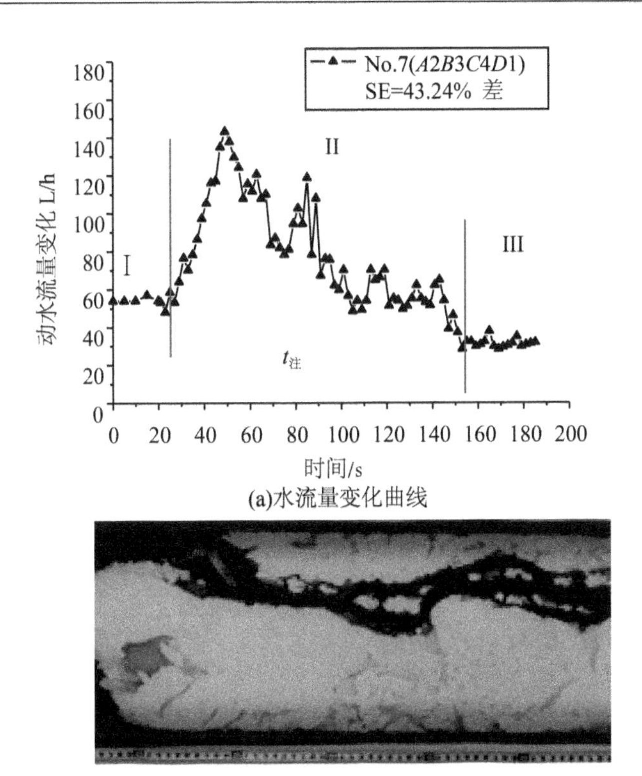

(a)水流量变化曲线

(b)注浆结束III阶段稳定图

No. 7

图 4-10-A 多峰值波动型动水流量变化曲线及浆液留存

多峰值波动型曲线所对应的正交试验设计中各因素水平未满足动水注浆封堵治理的设计效果，其对应各组试验注浆堵水率均低于50%，注浆堵水效果较差。注浆结束后裂隙中浆液被冲散或穿过浆液固结体形成较大的溃水通道，如图 4-10 中各组试验Ⅲ阶段所对应图(b)所示。

4.4.3 影响堵水效果因素分析

1. 极差及方差分析

模拟岩体裂隙动水注浆封堵效果及影响因素试验研究采用 L_{16}

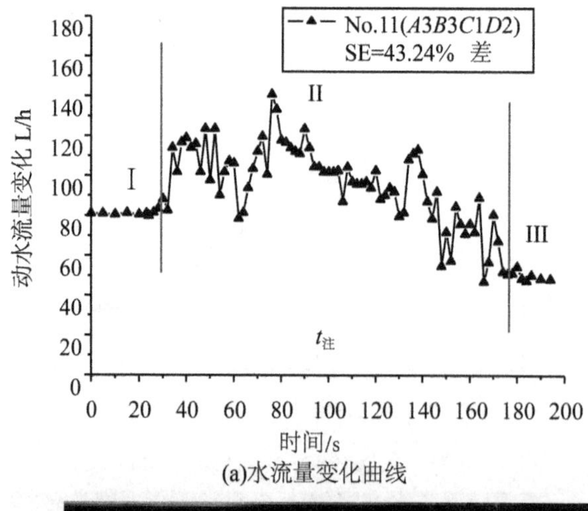

(a)水流量变化曲线

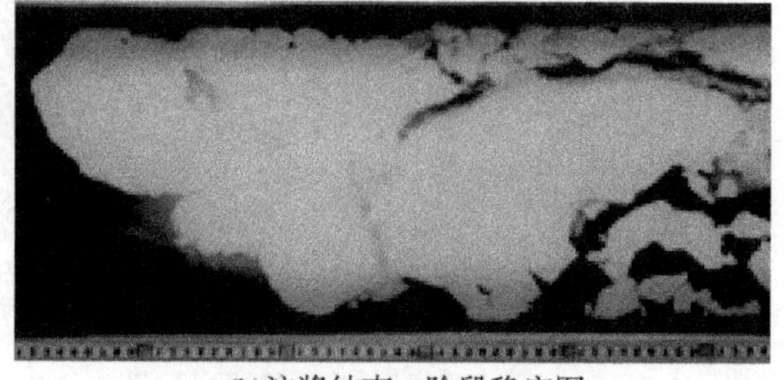
(b)注浆结束III阶段稳定图

No. 11

图 4-10-B　多峰值波动型动水流量变化曲线及浆液留存

(4^5)四因素四水平的正交试验方法，前文已述正交试验设计不仅具有完成试验要求所需的试验次数少的特点，而且其试验数据点的分布均匀，可用相应的极差分析方法、方差分析方法等对试验结果进行分析，得到有价值的结论。

同直观分析法相比，方差分析法能较好地分析在不同组之间水平因素所引起的波动和在同一组之内试验误差所引起的波动。在显著性水平 α 值下，根据计算的检验值 F_i 与查表得到的 F^α 值的大小对比分析该因素的显著性与否。如果 F_i 值大于 F^α ，则说明该因素是显著的，否则是不显著的。如果因素是显著的，则其显著性的可信度是 $p(F_i \leqslant F^\alpha) = 1 - \alpha$ 。

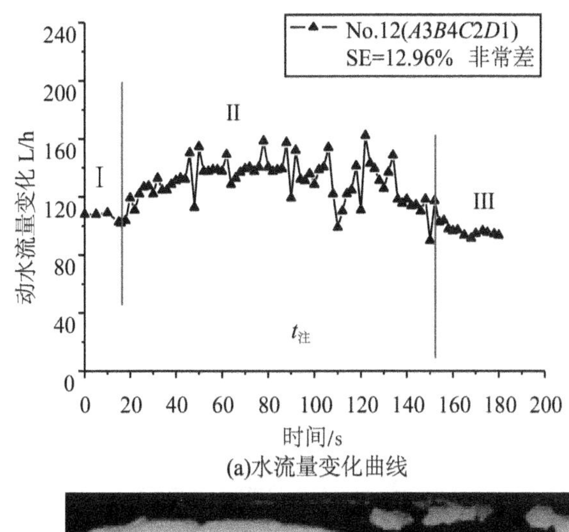

(a)水流量变化曲线

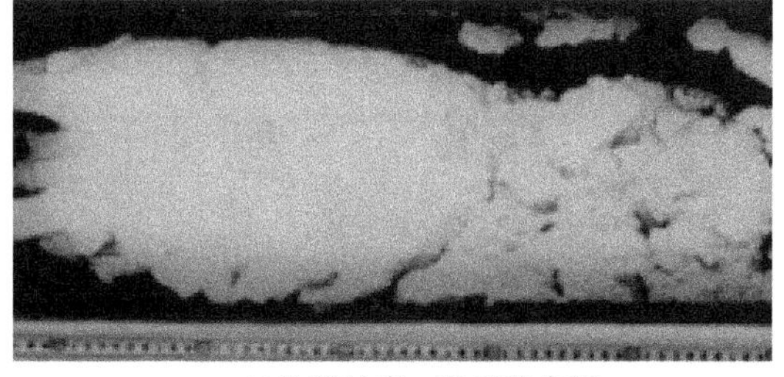

(b)注浆结束III阶段稳定图

No. 12

图 4-10-C 多峰值波动型动水流量变化曲线及浆液留存

根据正交试验结果表 3-4，堵水率各因素水平极差分析计算结果见表 4-6。表中 K_{ij}(i = A，B，C，D；j = 1，2，3，4) 为 i 因素第 j 水平所对应的堵水率数据之和的平均值，例如 K_{A1} = 80.98，表示因素 A(动水流速)第 1 个水平所对应的堵水率平均值为 80.98%，K_{B2} = 60.08，表示因素 B(裂隙开度)第 2 个水平所对应的堵水率平均值为 60.08%。R_i(i = A，B，C，D) 为 i 因素各水平的综合平均值的极差，$R_i = \max\{K_{ij}\} - \min\{K_{ij}\}$，例如 $R_A = K_{A1} - K_{A4}$ = 70.27%，表示因素 A(动水流速)各水平综合平均值极差为 70.27%。极差是反映数据波动的重要指标，R_i 的数值越大，堵水率受该对应因素的影响越大。

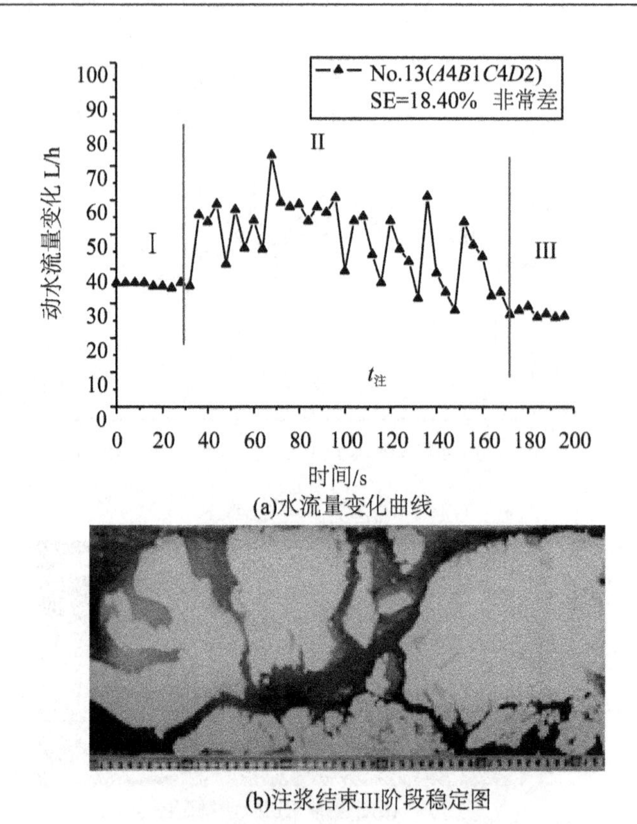

(a)水流量变化曲线

(b)注浆结束III阶段稳定图

No. 13

图 4-10-D　多峰值波动型动水流量变化曲线及浆液留存

表 4-6　　**注浆堵水率各因素极差分析结果表**

各因素试验水平	堵水率均值 K_{ij} ,%			
	动水流速 A(cm/s)	裂隙开度 B(mm)	浆液胶凝时间 C(s)	注浆流量 D(mL/min)
1	80. 98	72. 60	56. 59	40. 10
2	71. 98	60. 08	49. 58	52. 40
3	50. 75	41. 85	58. 18	59. 69
4	10. 71	39. 89	50. 07	62. 23
极差 R_i ,%	70. 27	32. 70	8. 60	22. 12

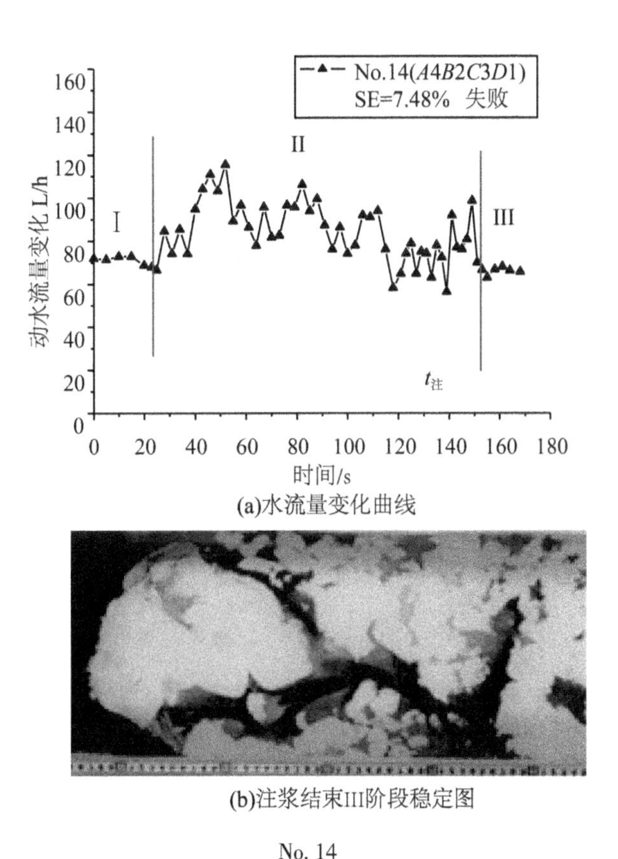

No. 14

图 4-10-E　多峰值波动型动水流量变化曲线及浆液留存

表中注浆堵水率各因素极差指标 $R_A > R_B > R_D > R_C$ 表明：影响注浆堵水效果程度的因素由大到小依次为动水流速、裂隙开度、注浆流量和浆液胶凝时间。并通过绘制各因素不同水平对应堵水率平均值直观分析图(图 4-11)，结合方差分析表，对各因素影响注浆堵水效果具体分析如下。

根据正交试验设计的数据方差分析方法(此处不再详述计算过程)，其中显著性水平取 $\alpha = 0.01$, $\alpha = 0.05$。表 4-7 为注浆堵水率各因素方差分析结果。

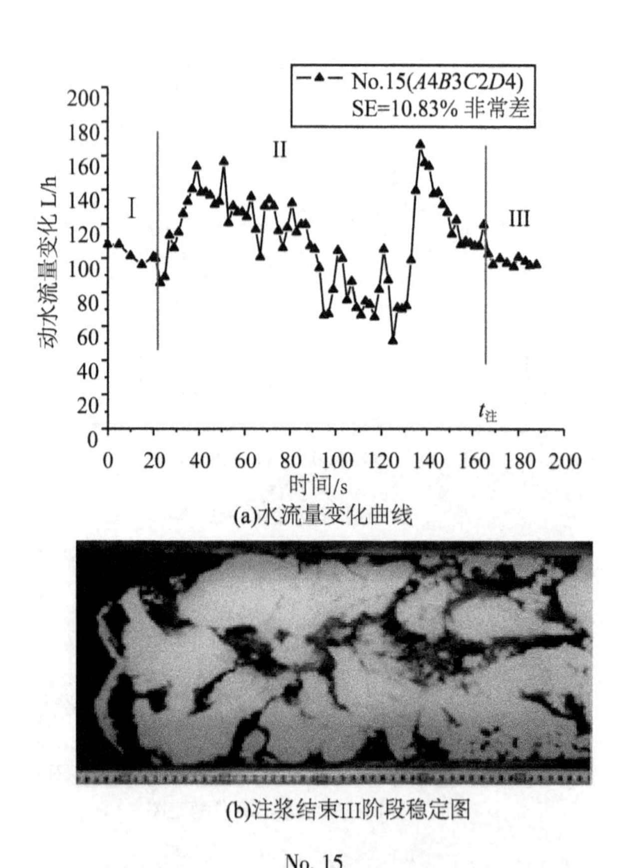

(a)水流量变化曲线

(b)注浆结束III阶段稳定图

No. 15

图 4-10-F　多峰值波动型动水流量变化曲线及浆液留存

(1) 动水流速

动水流速在四个因素中的极差 $R_A = 70.27\%$ 最大，说明动水流速是影响注浆堵水效果好坏的最主要因素，且由方差分析可知该因素在 $\alpha = 0.01$, $\alpha = 0.05$ 水平下均是显著的，其显著性的可信度是 $p(F_A \leqslant F^{\alpha}) = 0.99$，在实际工程注浆参数设计中应作为首要考虑因素。由四水平所对应堵水率平均值直观分析图可以看出，注浆堵水率随初始动水流速增大而呈明显减小趋势，动水流速越大注浆堵

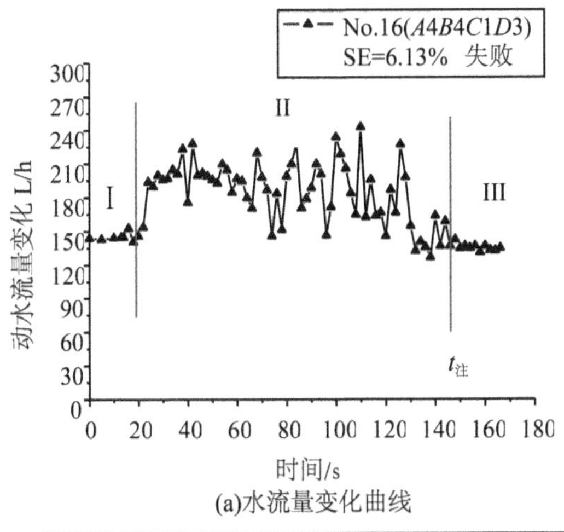

(a)水流量变化曲线

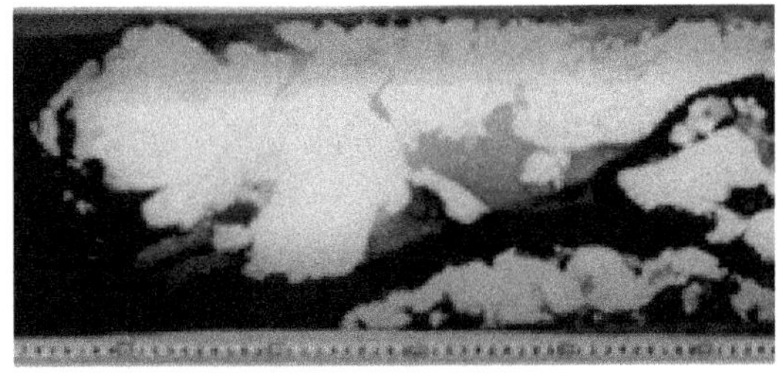

(b)注浆结束III阶段稳定图

No. 16

图 4-10-G　多峰值波动型动水流量变化曲线及浆液留存

水效果越差。分析原因，较大的动水流速条件下，注浆过程中浆液还未来得及发生固化反应已被动水冲刷稀释，或已胶凝的化学浆液块体被动水冲散或形成导水通道，注浆堵水效果较差。

(2)裂隙开度

裂隙开度极差 $R_B = 32.70\%$，仅次于动水流速，裂隙开度对注浆堵水效果有重要影响，由方差分析可知该因素在 $\alpha = 0.05$ 水平下是显著的，其显著性的可信度是 $p(F_A \leqslant F^{\alpha}) = 0.95$。且由四水平所对应堵水率平均值直观分析图可以得到，注浆堵水效果随裂隙开

表 4-7　　注浆堵水率各因素方差分析结果表

偏差来源 因素 i	偏差 平方和	自由 度	均方差	F_i 比	$\alpha=0.01$		$\alpha=0.05$	
					F^{α} 临界值	显著 性	F^{α} 临界值	显著 性
A：动水流速	11739.31	3	3913.10	50.11	29.46	√	9.28	√
B：裂隙开度	2914.90	3	971.63	12.44	29.46		9.28	√
C：胶凝时间	234.29	3	78.10	1.00	29.46		9.28	
D：注浆流量	1180.42	3	393.47	5.04	29.46		9.28	
误差	234.29	3	78.10					

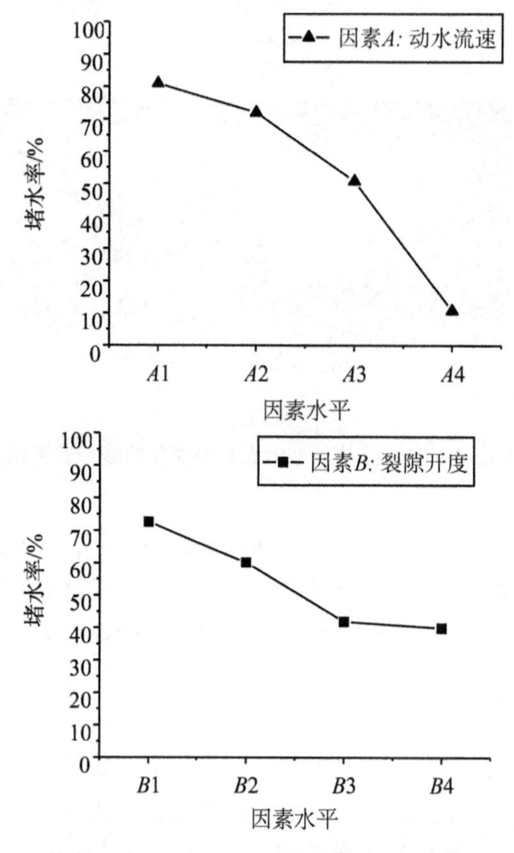

图 4-11-A　各因素水平对应堵水率分析图

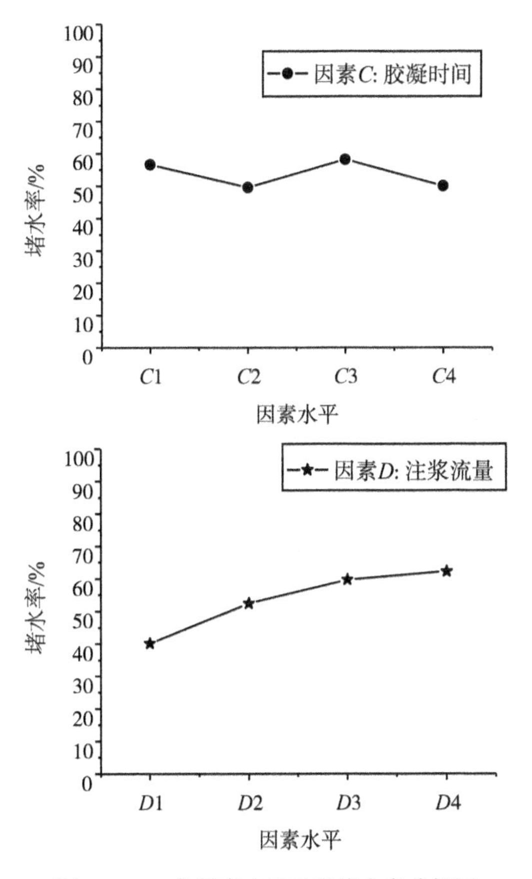

图 4-11-B　各因素水平对应堵水率分析图

度增大呈减小趋势，裂隙开度越大注浆堵水效果越差。裂隙开度增大后，动水对浆液的稀释、冲刷及推动等作用更加显著，且在相同注浆流量下，裂隙中浆液的扩散能力有所下降。

(3) 注浆流量

注浆流量对注浆堵水效果影响较小，各水平对应堵水率平均值直观图可以看出，注浆堵水率随注浆流量的增大其增大趋势并不十分明显。分析原因，和实际岩体裂隙不同，试验设计的裂隙模型为单一平滑末端开放式裂隙，受裂隙形状尺寸及注浆机功率的限制，在注浆过程中浆液进入裂隙后在动水和持续注浆作用下，在还未发生胶凝固结时间段内浆液首先沿着裂隙中水流方向平动，使得注浆流量对注浆堵水结果影响并不明显。针对此方面考虑，又补充进行了不规则裂隙动水注浆试验研究，深入探究其影响规律，详见后文。

(4) 浆液胶凝时间

浆液胶凝时间对注浆堵水效果并没有多大影响，随着浆液胶凝时间的增大，注浆堵水率并没有明显减小或增大的趋势。试验过程甲乙液在注浆管路中汇合时间较短，注入裂隙后动水稀释了最初进入裂隙中乙液草酸的浓度，使得裂隙中的化学浆液实际胶凝时间和设计值有一定差距，减弱了浆液胶凝时间对动水注浆堵水效果的影响。实际工程注浆中，浆液的胶凝时间是很重要的参数之一，室内试验模拟地质体并不能完全真实地反映实际工程地质条件，所以该因素参数有待项目课题组在后续的试验中深入研究分析。

2. 交互因素组合对注浆堵水效果影响分析

考虑交互作用进行的部分试验研究中，发现动水流速与裂隙开度之间、胶凝时间与注浆流量之间存在交互作用，且对注浆堵水效果有显著影响。考虑实际工程中，动水流速和裂隙开度是客观存在的地质条件，而浆液胶凝时间和注浆流量是人为可调控因素，浆液凝胶时间可以通过改变乙液浓度或者配比控制，注浆流量可以通过调节注浆机的功率控制。并结合前述各因素对注浆堵水效果影响及原因分析综合考虑，下面对两两因素各水平条件下注浆堵水效果进行等值拟合分区考查。

(1) 动水流速与裂隙开度

试验影响因素中，动水流速与裂隙开度两因素之间存在交互作用。图 4-12(a)为动水流速和裂隙开度在正交试验设计中初始四水平相互组合条件下试验得到的注浆堵水率结果三维曲面图，(b)图

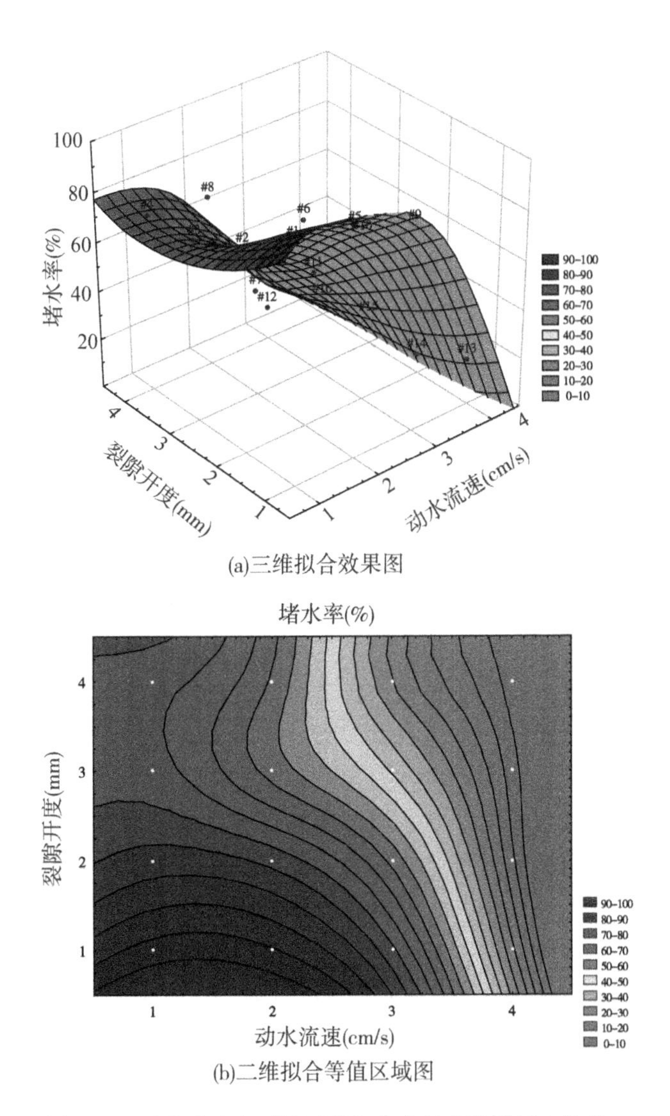

图 4-12 动水流速和裂隙开度组合条件下注浆堵水效果

为两因素各水平组合下注浆堵水率二维拟合等值区域图。

由图可知，动水流速对注浆堵水效果的影响是十分明显的，且相比之下影响程度远大于裂隙开度。动水流速方向：动水流速 1~2cm/s 时所对应区域的注浆堵水率均较高(深色区域)，注浆封堵效果较好；而动水流速 3~4cm/s 所对应区域的注浆堵水率均较低(深色区域)，注浆封堵效果较差，动水流速越大注浆封堵效果越差。而裂隙开度方向：裂隙开度 3~4mm 所对应区域的注浆堵水率等值线相比 1~2mm 所对应区域出现明显偏移，裂隙开度变大导致注浆封堵效果相对变差。

(2) 动水流速与胶凝时间

浆液凝胶时间可以通过改变乙液浓度及配比等进行控制，浆液胶凝时间越短其发生固化反应越快，形成固结体并与裂隙岩壁产生黏结力的时间就越短。考察胶凝时间与动水流速和裂隙开度之间对于注浆封堵效果影响的关系对于实际工程中进行注浆参数控制是十分有意义的。图 4-13(a)为浆液的动水流速和胶凝时间在正交试验设计中初始四水平相互组合条件下试验得到的注浆堵水率结果三维曲面图，(b)为两因素各水平组合下注浆堵水率二维拟合等值区域图。

由图可知，动水流速对注浆堵水效果的影响程度远大于浆液胶凝时间。动水流速方向：动水流速 1~2cm/s 所对应深色区域的注浆堵水率均高于 3~4cm/s 所对应浅色区域，注浆封堵效果因动水流速增大而变化明显。对于胶凝时间与动水流速两因素各水平值组合下考察注浆堵水效果二维拟合等值区域图，胶凝时间方向上：浆液胶凝时间在 90s 左右所对应区域的注浆堵水率等值线出现明显弯曲，动水流速较低时，对于浆液凝胶时间的可选变化范围较大；而随着动水流速增大，90s 附近区域的注浆堵水效果比两侧其他区域相对较好，这说明浆液胶凝时间并不是单纯的越大或越小就越好，对于特定的动水流速应该考虑其他因素水平下选择最优的凝胶时间。

(3) 裂隙开度与胶凝时间

裂隙注浆，浆液凝胶发生固化反应，并与裂隙岩壁间形成有效的黏结力是成功封堵动水的条件之一。裂隙开度的大小影响所注入裂隙中的浆液固化后与裂隙壁的接触时间与接触面积，这和浆液的

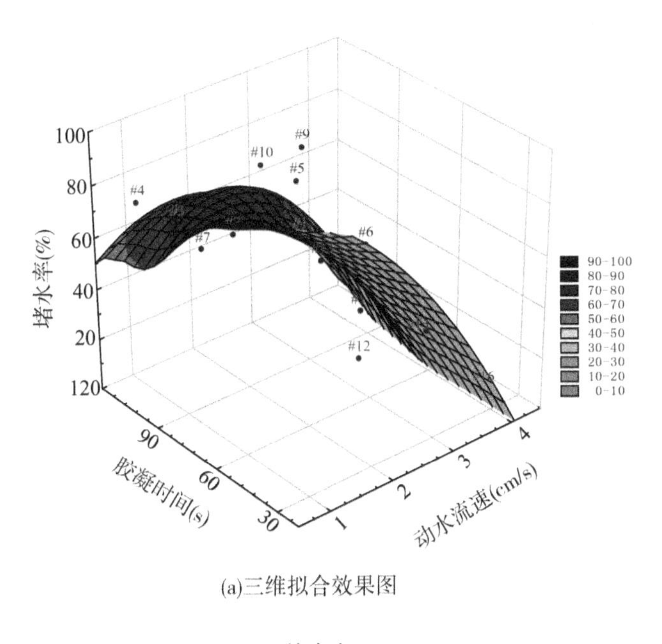

(a)三维拟合效果图

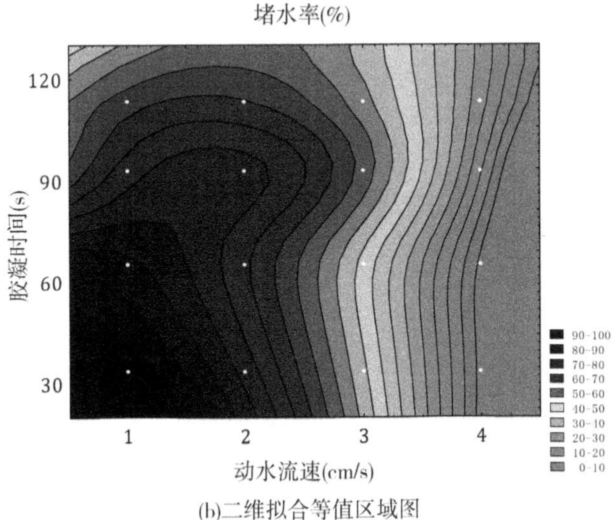

(b)二维拟合等值区域图

图 4-13 胶凝时间和动水流速组合条件下注浆堵水效果

胶凝时间及注浆流量密切相关。一般而言，相同注浆流量条件下，裂隙开度越小浆液越容易与上下岩壁接触，胶凝时间越短则固化后

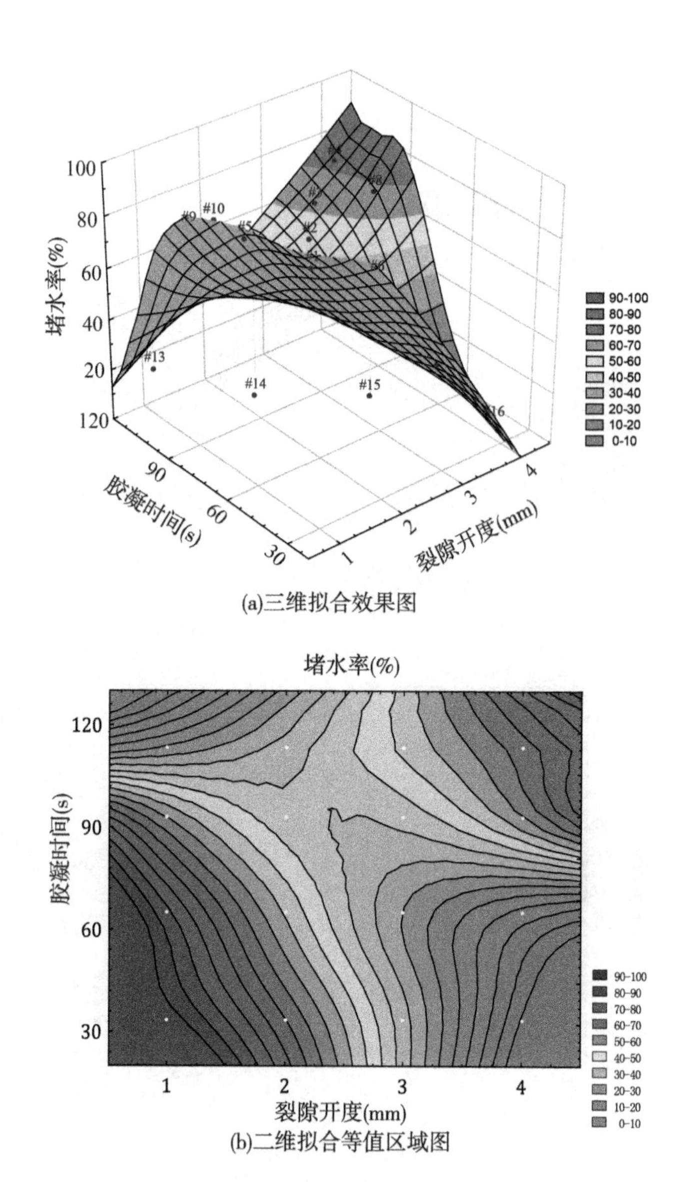

(a)三维拟合效果图

(b)二维拟合等值区域图

图 4-14　裂隙开度和胶凝时间组合条件下注浆堵水效果图

形成有效黏结力的时间越短，裂隙开度越大则反之。图 4-14(a)为裂隙开度与浆液的胶凝时间在正交试验设计中初始四水平相互组合条件下试验得到的注浆堵水率结果三维曲面图，(b)为两因素各水平组合下注浆堵水率二维拟合等值区域图。

由图可知，注浆堵水效果并没有随着裂隙开度或者浆液胶凝时间单一因素水平值的变化而产生明显的递增或递减规律，而是裂隙开度和胶凝时间同为较低水平或同为较高水平时所对应的注浆堵水率较高，注浆堵水效果(深色区域)越好。在正交试验结果中，发现浆液胶凝时间为92.8s所对应不同开度的裂隙注浆堵水率基本一致，效果均能达到“一般”等级。说明对于裂隙开度而言，浆液凝胶时间不是越长堵水效果越好，也不是越短堵水效果越好，需要同时考虑其他因素条件下选择最优凝胶时间。

(4)裂隙开度与注浆流量

前文提到裂隙注浆后浆液凝胶发生固化反应与裂隙岩壁间形成有效的黏结力是成功封堵动水的条件之一，注浆流量的大小关系到裂隙中浆液单位时间内充填效率，而同时裂隙开度大小影响所注入裂隙中的浆液固化后与裂隙壁的接触时间与接触面积。一般而言，注浆流量越大，裂隙开度越小，浆液越容易与上下岩壁接触。图4-15(a)为裂隙开度与注浆流量在正交试验设计中初始四水平相互组合条件下试验得到的注浆堵水率结果三维曲面图，(b)为两因素各水平组合下注浆堵水率二维拟合等值区域图。

由图可知，裂隙开度方向：裂隙开度为1mm时注浆堵水率均较高，而裂隙开度为4mm时堵水率均较低，且随裂隙开度的增大，注浆封堵效果逐渐变差，说明正交试验设计该两因素中裂隙开度对注浆堵水效果的影响程度要大于注浆流量的影响，且小流量注浆不适合开度较大裂隙。注浆流量方向：注浆流量达到600~800mL/min后，注浆堵水率等值线明显向裂隙开度增大方向弯曲，说明在一定程度上增大注浆流量有助于实现注浆堵水效果。

(5)动水流速与注浆流量

裂隙初始注入浆液还未来得及发生胶凝固化反应阶段，裂隙中

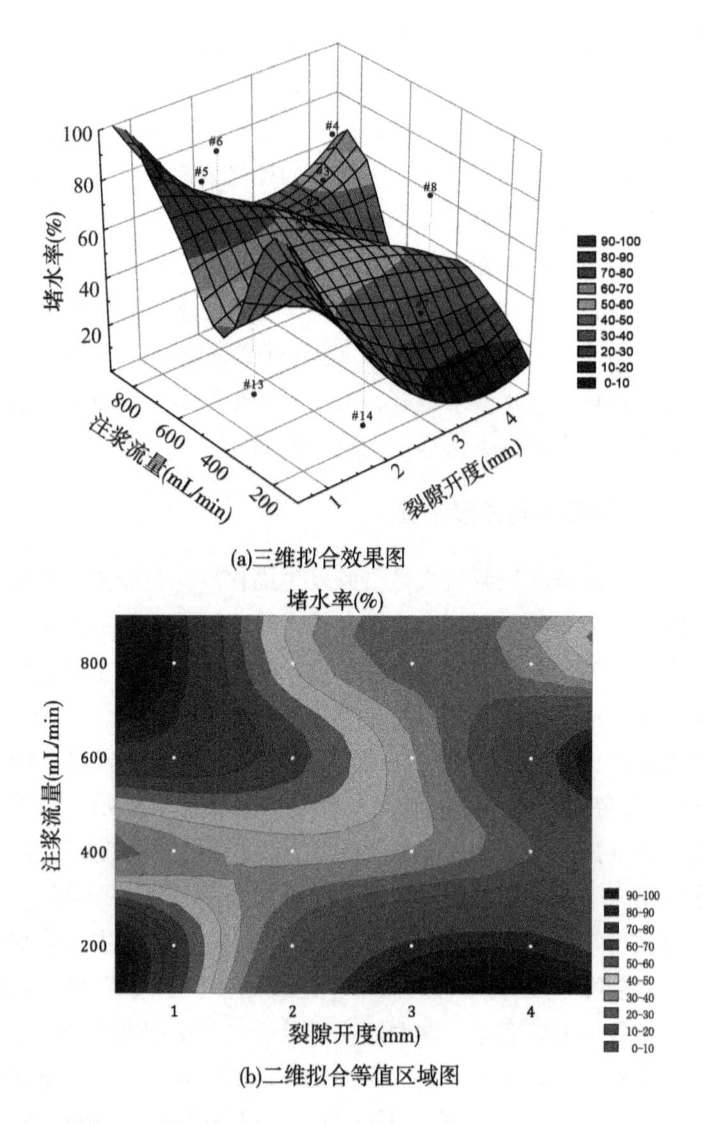

(a)三维拟合效果图

(b)二维拟合等值区域图

图 4-15　裂隙开度和注浆流量组合条件下注浆堵水效果

为动水与浆液两种流体运动，此时动水流速的大小对浆液流动与固结有很大的影响，一方面动水冲刷推移裂隙中的浆液前进，另一方面动水与浆液一起流动在一定程度上稀释了乙液的浓度，影响浆液

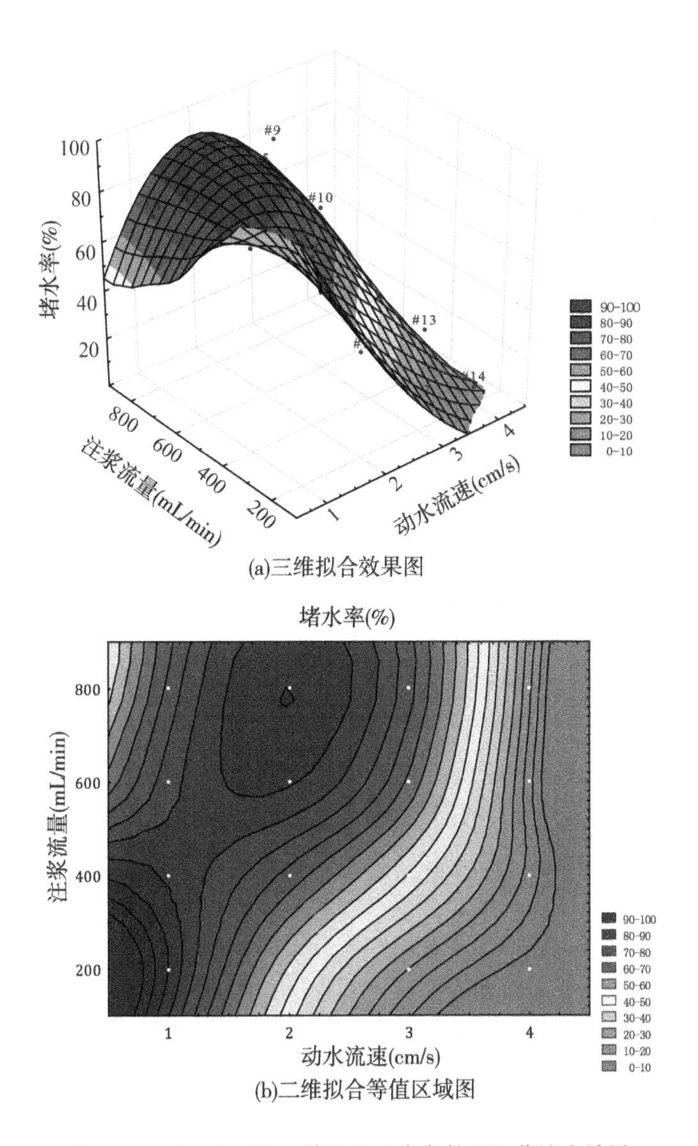

(a)三维拟合效果图

(b)二维拟合等值区域图

图 4-16 动水流速和注浆流量组合条件下注浆堵水效果

的胶凝时间。而如果注浆流量足够大反过来则会很大程度上削弱动水的这两方面影响。图 4-16(a)为动水流速与注浆流量在正交试验设计中初始四水平相互组合条件下试验得到的注浆堵水率结果三维曲面图，(b)为两因素各水平组合下注浆堵水率二维拟合等值区域图。

由图可知，动水流速方向：仍然动水流速 1～2cm/s 所对应深色区域的注浆堵水率均高于 3～4cm/s 所对应浅色区域，注浆封堵效果随动水流速增大而明显变差。而同时随注浆流量的增大，注浆堵水效果偏好区域(深色区域)明显变大，注浆堵水率等值线偏向动水流速增大方向，说明增大注浆流量有效地抑制了动水对浆液的冲刷和因稀释乙液浓度而延迟浆液胶凝时间的作用，且发现小流量注浆不适合较大动水流速，当遇到较大动水流速时应增大注浆流量。

(6)注浆流量与胶凝时间

实际工程中，注浆流量和浆液胶凝时间作为注浆设计参数，是人为可调控因素，浆液凝胶时间可以通过改变乙液浓度或者配比控制，注浆流量可以通过调节注浆机的功率控制。模拟岩体裂隙动水注浆封堵效果试验研究影响因素中，胶凝时间与注浆流量之间存在交互作用。

图 4-17(a)为注浆流量和胶凝时间在正交试验设计中初始四水平相互组合条件下试验得到的注浆堵水率结果三维曲面图，(b)为两因素各水平组合下注浆堵水率二维拟合等值区域图。

由图可知，注浆流量和胶凝时间对注浆封堵效果并没有明显的单一分区界限，仅在注浆流量小且胶凝时间较长时所对应注浆堵水率较低，堵水效果较差。实际工程中，注浆流量和浆液胶凝时间作为可调控的注浆参数，也是在考虑动水流速和裂隙开度两个客观存在的地质条件下进行参数设置，而并不只是靠单纯地增大注浆流量或者缩短浆液胶凝时间来保证注浆堵水率，二维拟合等值区域图中所示存在最优组合值。

4.4.4　充填及非平直裂隙动水注浆堵水效应及影响因素分析

根据光滑平直裂隙动水注浆堵水效应及影响因素分析结果，影

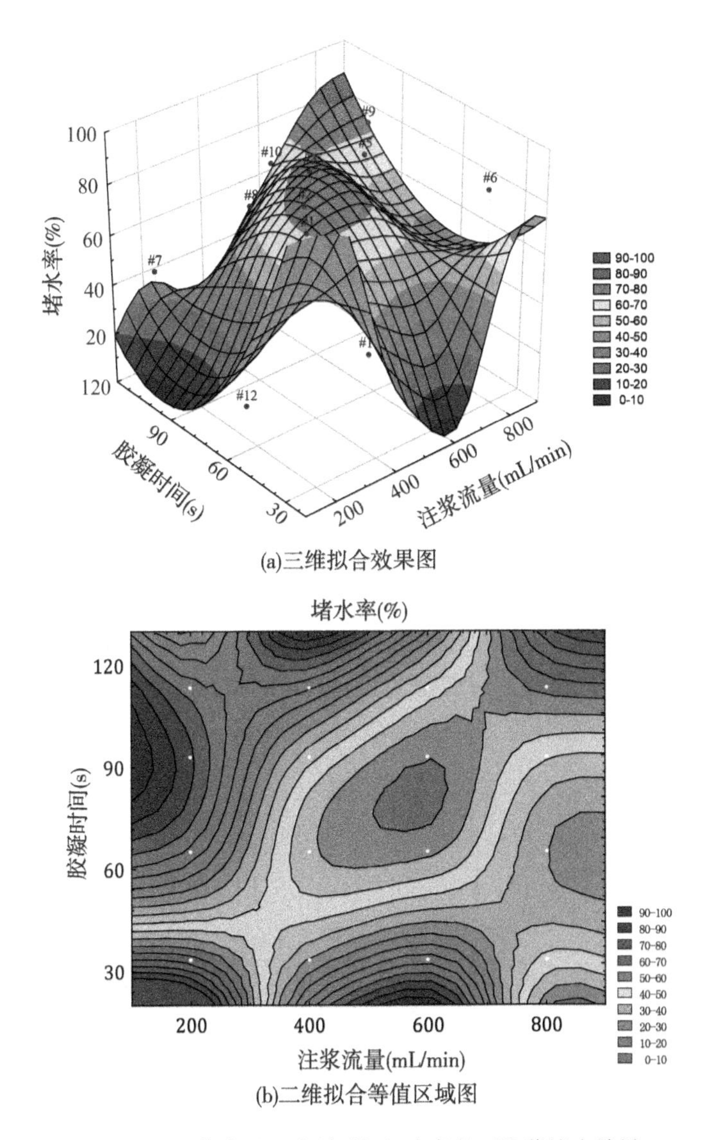

(a)三维拟合效果图

(b)二维拟合等值区域图

图 4-17　注浆流量和胶凝时间组合条件下注浆堵水效果

响注浆封堵效果的最主要两个因素为动水流速和裂隙开度。正交试验设计中裂隙开度及光滑平直的形状却是作为裂隙形态的一种理想表达。实际地质条件中，由于地质结构体的复杂性，裂隙形态往往并不是规则统一的。因此，对其他不同裂隙形态补充进行几种类型的简化试验，在相同的注浆参数设计下，初步探索不同的裂隙形态对浆液扩散及堵水效果的影响。

1. 试验设计

本部分试验在已建立的模拟岩体裂隙动水注浆试验平台系统的基础上，在相同注浆参数设计水平下，改变裂隙形态分别进行了非平直裂隙、充填裂隙的动水注浆封堵试验。

具体试验设计如下：

①注浆参数：浆液胶凝时间 65. 1s；注浆流量 800mL/min，注浆足量。

②动水流速：1cm/s，2cm/s，3cm/s；换算动水流量：300mL/min、600mL/min、900mL/min。

③裂隙形态：光滑平直型(a)、顺水流方向裂隙宽度增大(开口型)(b)、顺水流方向裂隙宽度减小(闭口型)(c)、充填型(d)(图 4-18)；裂隙开度 2mm，裂隙均宽 25cm。

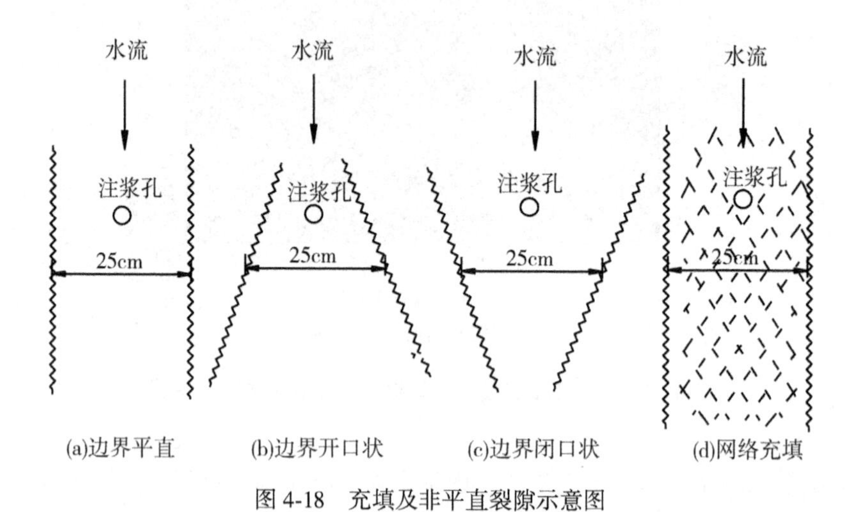

图 4-18　充填及非平直裂隙示意图

2. 注浆堵水效果及影响因素分析

对四种简化形态的单一裂隙在室内条件下分别进行了动水流速三个水平的平行试验，共计 12 组，详细试验组合及注浆堵水试验结果见表 4-8。

表 4-8　充填及非平直裂隙动水注浆试验设计及结果

序号 No.	裂隙形态	动水流速 (cm/s)	裂隙开度 (mm)	胶凝时间 (s)	注浆流量 (mL/min)	堵水率 (%)	堵水效果
a-1	a	1	2	65.1	800	84.65	好
a-2	a	2	2	65.1	800	71.41	一般
a-3	a	3	2	65.1	800	63.89	一般
b-1	b	1	2	65.1	800	40.94	差
b-2	b	2	2	65.1	800	19.48	非常差
b-3	b	3	2	65.1	800	6.23	失败
c-1	c	1	2	65.1	800	75.16	一般
c-2	c	2	2	65.1	800	41.43	差
c-3	c	3	2	65.1	800	46.30	差
d-1	d	1	2	65.1	800	95.88	非常好
d-2	d	2	2	65.1	800	83.57	好
d-3	d	3	2	65.1	800	69.42	一般

不同裂隙形态对注浆堵水效果影响程度各不相同，各形态裂隙动水注浆试验堵水率变化如图 4-19 所示。

分析结果发现：

①动水流速对注浆堵水效果影响程度较大。

随着动水流速从 1cm/s 增大到 3cm/s，各个形态裂隙注浆堵水率均有明显下降，注浆堵水效果变差。这和正交试验中极差与方差分析结果是一致的。

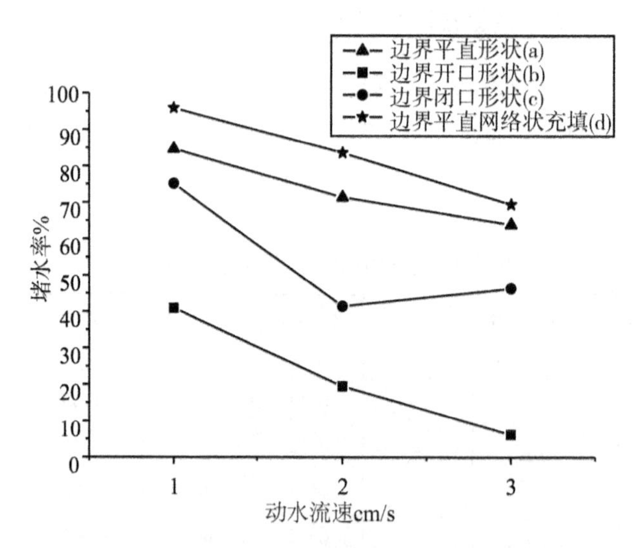

图 4-19　充填及非平直裂隙动水注浆堵水率对比

②由三种不同边界形状裂隙注浆堵水效果可知，规则平直形状裂隙注浆堵水率最好，其次为闭口型裂隙，开口型裂隙注浆堵水效果最差。

分析原因，对于三种边界形状的动水裂隙，注浆孔位于裂隙上游部位，注浆开始后浆液进入裂隙初期均以注浆孔为中心向四面辐射扩散，在动水影响下，使得浆液更趋于向裂隙下游扩散。对边界平直形状的裂隙而言，浆液扩散到裂隙边界后，在注浆压力和动水压力的作用下开始转变为 U 形向下游平推式扩散，并逐步驱赶替代了裂隙中的水流，达到胶凝时间后浆液逐渐发生固化反应，胶凝固结并与裂隙岩壁间产生有效黏结力，形成一定的堵水效果；对于边界闭口型裂隙而言，在注浆孔位置裂隙宽度比平直裂隙要大，浆液扩散到达裂隙边界的时间较长，同时裂隙中间上游浆液前缘对动水产生阻隔作用(并表现出前缘浆液剪裂形态)，使得沿裂隙边缘形成高速动水水流，导致对扩散浆液在垂直于水流方向的两侧边缘受动水稀释和冲刷时间较长，而扩散到下游的浆液虽已逐渐接触裂隙边界，但在前述裂隙边界高速动水水流的影响下，浆液与裂隙边界产生有效黏结力较小，导致注浆堵水效果并没有平直形状裂隙注浆堵水效果好；而对于边界开口型裂隙而言，注浆孔位置裂隙宽度较小，下游裂隙宽度较大呈“喇叭口”状，注浆浆液在很短的时间内就扩散到裂隙边界，但是由于时间极短，浆液未来得及发生胶凝固化反应，与裂隙边界几乎无黏结力，而此时整个过水断面被阻隔，上游动水压力作用下冲散并推动浆液向下游运移，而顺水流方向“喇叭口”状裂隙宽度越来越大，浆液来不及充填扩散到下游裂隙边界，而更有向下游扩散的趋势，所以扩散到中下游的浆液并不能形成整体固结体，而是以散碎的块体存在，裂隙边界形成稳定的较大的溃水通道，注浆堵水效果极差。

③边界平直且网络状充填裂隙的注浆堵水效果最优。

这与实际工程中遇到的较大突涌水通道设计注浆封堵治理方案时，首先采取先往突涌水通道中抛掷碎石块后再进行注浆操作是相一致的。分析原因，裂隙中网络充填或者现实工程突涌水通道抛掷石块后，充填物本身对动水有一定的阻隔缓速作用；注浆过程中浆液在裂隙中扩散受到充填物的阻挡，在相邻充填物间隔形成的空隙中首先短时间聚集充满，然后在注浆压力推动下流向下一个空隙，在此过程中由于动水流速受到充填物的阻隔，对浆液冲刷能力减弱，持续注浆，浆液充填满裂隙横断面上所有相邻空隙，对动水横断面形成有效阻隔，由于充填物的存在，动水压力不足以推动整个断面上的充填物和浆液往下游流动，且注浆持续充填下游空隙，并且浆液达到胶凝时间开始发生固化反应，浆液与裂隙岩壁充填物间形成一定的黏结力并结成整体，形成对动水水流的有效封堵，注浆效果较好。

4.5　浆液扩散及留存封堵过程

室内条件下进行了模拟有限宽度岩体裂隙动水注浆封堵效果试验，分别进行了光滑平直裂隙的正交设计试验，分析了注浆封堵效果及主控影响因素为动水流速与裂隙开度(形态)。在此基础上,针对动水流速和裂隙形态又分别进行了光滑非平直裂隙和平直充填裂隙多水平动水条件下的注浆试验,旨在深入研究不同形态裂隙动水化学注浆堵水效果及浆液扩散规律。

4.5.1　光滑平直裂隙动水注浆扩散及封堵过程分析

在进行的模拟裂隙动水注浆封堵效果及影响因素试验研究中,在光滑平直裂隙动水环境条件下正交试验设计进行了 16 组试验,多因素多水平下注浆堵水效果分布于六个等级,浆液扩散及封堵过程也各不完全相同,总结归纳发现光滑平直裂隙动水浆液扩散及封堵过程图像基本上可以分为六种类型:①留存完全封堵型、②留存封堵前缘剪裂型、③沿侧向边界冲刷通道型、④切穿浆液冲刷通道型、⑤交叉通道冲刷破碎型、⑥分区分层扩散底部残留型。

(1)留存完全封堵型

图 4-20(a)为试验 No. 9 所对应的留存完全封堵型浆液扩散过程图像,正交试验设计中试验 No. 1、No. 2 浆液扩散规律基本相同。图中,注浆孔位于横坐标 $x=0$ 位置,浆液扩散顺水流方向为“+”,逆水流方向为“-”,以下各类型坐标位置及定义相同。

试验 No. 9,注浆时间($t_{注}$)为 65s,注浆过程中浆液顺水流($x+$)方向、逆水流($x-$)方向、垂直水流(y)方向扩散距离及浆液扩散面积如图 4-21 所示。浆液扩散基本可以分成三个阶段:Ⅰ阶段为近圆形扩散,Ⅱ阶段为近 U 形扩散,Ⅲ阶段为沿侧向边界扩散。

Ⅰ阶段——近圆形扩散,0~15s。裂隙稳定动水条件下注浆开始,浆液进入裂隙后以注浆孔为圆心以近圆形向四面辐射扩散。受动水水流影响并不是标准圆形,逆水流方向浆液扩散受到动水水流及水压力阻力影响,浆液顺水流“$x+$”方向扩散速度明显大于逆水流“$x-$”方向;在这段时间内,y 方向扩散速度虽小于“$x+$”方向,但与“$x-$”方向速度基本相同。

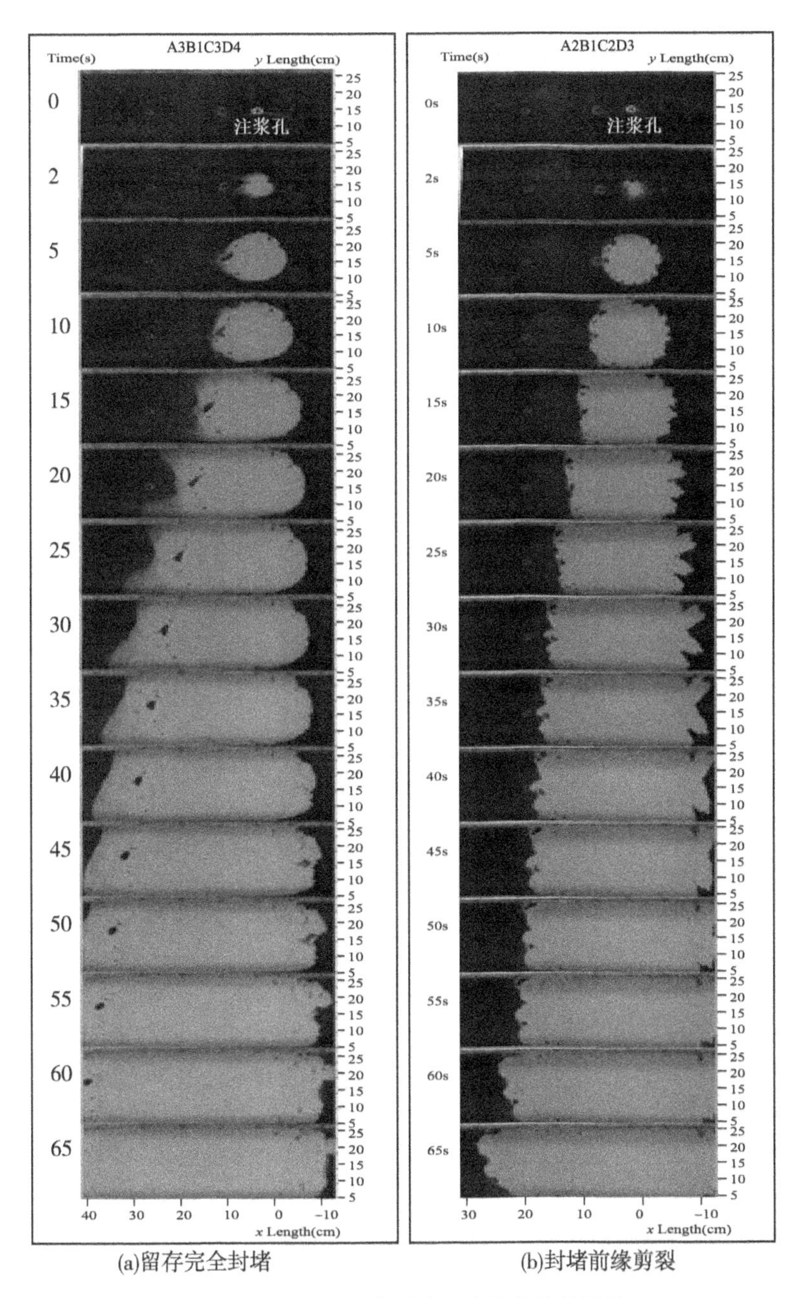

(a)留存完全封堵 (b)封堵前缘剪裂

图 4-20-A 光滑平直裂隙动水注浆扩散图像

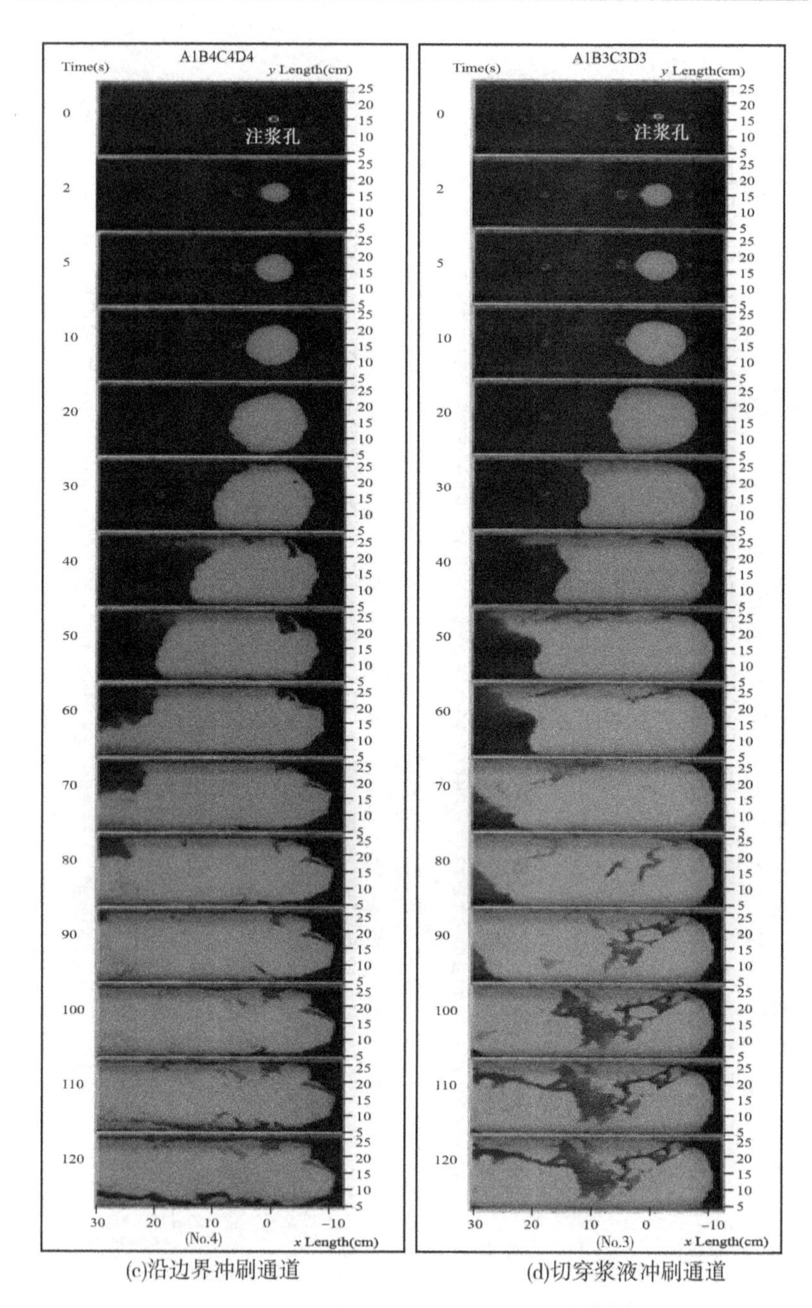

(c)沿边界冲刷通道　　(d)切穿浆液冲刷通道

图 4-20-B　光滑平直裂隙动水注浆扩散图像

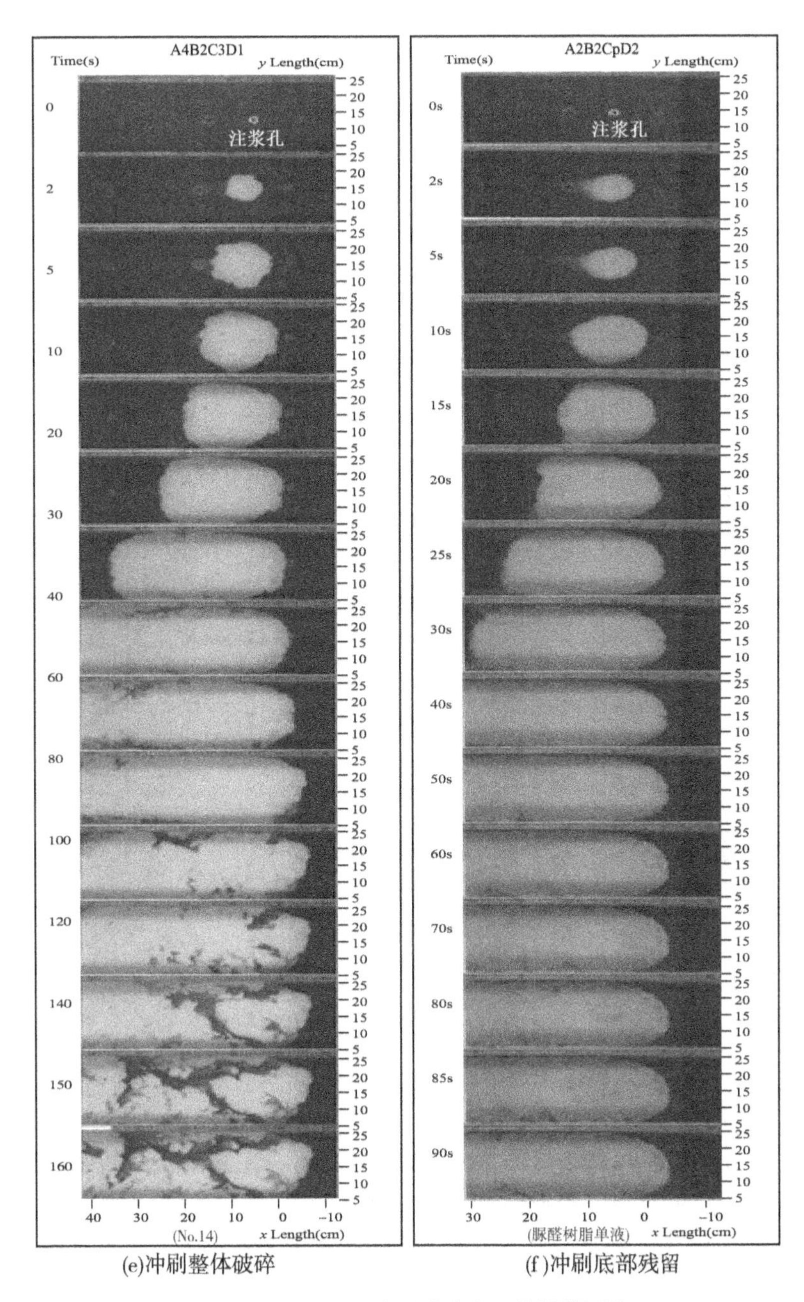

(e)冲刷整体破碎　　(f)冲刷底部残留

图 4-20-C　光滑平直裂隙动水注浆扩散图像

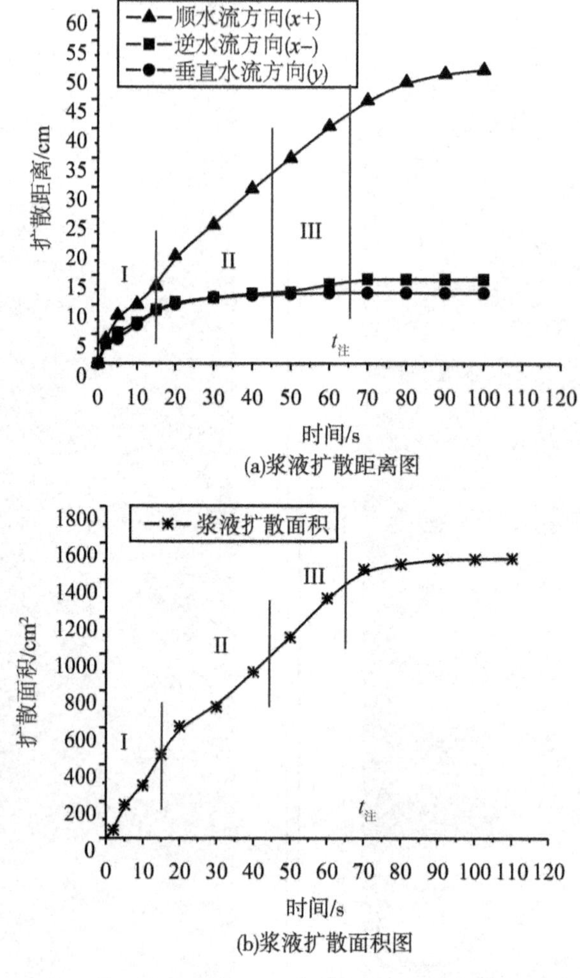

(a)浆液扩散距离图

(b)浆液扩散面积图

图 4-21　试验 No. 9 浆液扩散距离及面积

Ⅱ阶段——近 U 形扩散，15～45s。随着注浆的持续进行，浆液 y 方向扩散到了裂隙边界，由于浆液基本布满整个过水断面，上游水流被阻断产生水压力变大，而此时裂隙边缘浆液并没有完全充填密实，动水受上游浆液阻隔后转向裂隙两侧沿着裂隙边缘形成高速冲刷水流。这个过程浆液扩散表现为：“$x-$”方向浆液扩散距离基本不变，浆液并未开始胶凝，前缘变成平滑半圆形；“$x+$”方向浆液继续向下游扩散；而裂隙两侧边界处浆液被水流冲刷，且运移速度大于中心线附近在注浆压力作用下的浆液扩散速度，因此，裂隙“$x+$”方向下游浆液边缘逐渐形成凹向上游的弧形。

Ⅲ阶段——沿侧向边界扩散，45~65s。随着注浆时间的进行，浆液注浆量不断增大，x 方向和 y 方向浆液扩散与裂隙岩壁接触面积不断增大并形成一定的黏结力，且随着浆液持续向 y 方向裂隙两侧边界处扩散压密，浆液充填布满了整个裂隙断面，形成了对动水的阻隔。这个过程浆液扩散表现为：在注浆压力下随注浆量的增大，浆液布满整个裂隙横断面，裂隙两侧边缘水流通道被浆液充填；“$x+$”方向浆液呈平推式向下游扩散；“$x-$”方向浆液受注浆压力和动水压力双重作用，前缘浆液逐渐被压密成半圆状并消失，缓慢向上游平推式扩散。

最后留存封堵，>65s。注浆结束，浆液完整充填裂隙断面，并发生固化反应留存于裂隙中，形成对裂隙动水的有效封堵。

(2)留存封堵前缘剪裂型

图 4-20(b)为试验 No.5 所对应的留存封堵前缘剪裂型浆液扩散过程图像，正交试验设计中试验 No.6 浆液扩散规律基本相同。两组均注浆流量大，但浆液胶凝时间短且裂隙开度、动水流速较小。

试验 No.5，注浆时间($t_{注}$)为 72s，注浆过程中浆液顺水流($x+$)方向、逆水流($x-$)方向、垂直水流(y)方向扩散距离及浆液扩散面积如图 4-22 所示。浆液扩散基本上可以分成两个阶段：Ⅰ阶段近圆形扩散，Ⅱ阶段前缘剪裂扩散。

Ⅰ阶段——近圆形扩散，0~10s。该阶段浆液扩散过程规律与留存完整充填封堵型第一阶段基本一致。而由于注浆流量较大，y 方向浆液扩散到裂隙边缘的时间更短一些，且浆液 y 方向扩散速度大于“$x-$”方向。

Ⅱ阶段——前缘剪裂扩散，10~72s。由于裂隙开度较小，注浆流量较大，y 方向浆液很快就扩散到了裂隙两侧边界并与裂隙边界接触，而动水流速较小，对裂隙边缘浆液并没有产生较大冲刷威胁。随着持续大流量注浆的进行，x 方向上浆液在“x+”和“x-”方向的扩散速度基本相同，“x+”方向浆液呈平推式向下游匀速扩散；注浆压力作用下持续注入的浆液推动浆液继续向“x-”方向推进，浆液胶凝时间短，最初注入的浆液虽部分逐渐开始发生胶凝反应但并不充分，“x-”方向前缘浆液同时受到动水的阻力作用，边缘浆液胶凝薄弱位置在注浆推力和动水阻力下被剪裂，形成如图所示的前缘剪裂形状；而后又在扩散过程中被压实。

注浆结束，>72s，全断面留存封堵，浆液完整充填裂隙断面，并发生固化反应留存于裂隙中，形成对裂隙动水的有效封堵。

(3)沿侧向边界冲刷通道型

图4-20(c)为试验No. 4所对应的沿侧向边界冲刷通道型浆液扩散过程图像，正交试验设计中试验No. 10、No. 13浆液扩散规律基本相同。

试验No. 4，注浆时间($t_{注}$)为85s，注浆过程中浆液顺水流(x+)方向、逆水流(x-)方向、垂直水流(y)方向扩散距离及浆液扩散面积如图4-22所示。浆液扩散基本上可以分成三个阶段：Ⅰ阶段近圆形扩散，Ⅱ阶段近U形扩散，Ⅲ阶段沿侧向边界冲刷形成溃水通道。

Ⅰ阶段——近圆形扩散，0~25s。该阶段浆液扩散过程规律与留存完整充填封堵型第一阶段基本一致。而由于No. 4裂隙开度为4mm最大，动水流速为1cm/s最小，所以浆液注入四面辐射扩散速度相比前两种类型要慢，y 方向浆液扩散到裂隙边缘的时间较长，且该阶段 y 方向浆液扩散距离大于 x 方向。

Ⅱ阶段——近U形扩散，25~85s。该阶段浆液扩散过程规律与留存完整充填封堵型第二阶段近U形扩散规律相似。“x-”方向浆液扩散距离增大不明显，前缘半圆形并不十分规则；“x+”方向浆液继续向下游扩散且裂隙两侧边界处浆液被水流冲刷，运移速度大于中心线附近在注浆压力作用下的浆液扩散速度，特别是靠近 y=0一侧尤为明显。

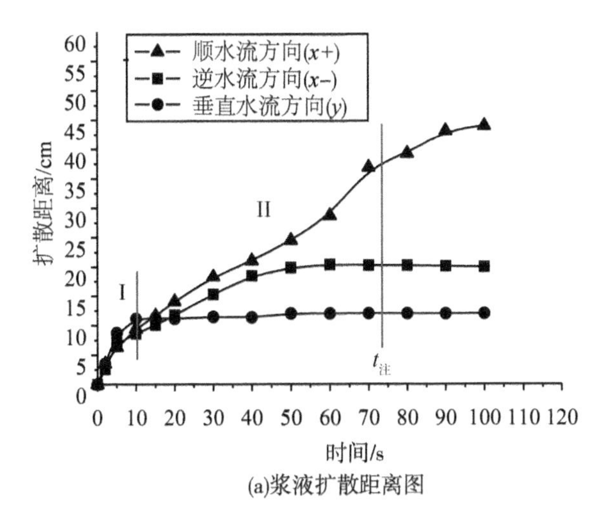

(a)浆液扩散距离图

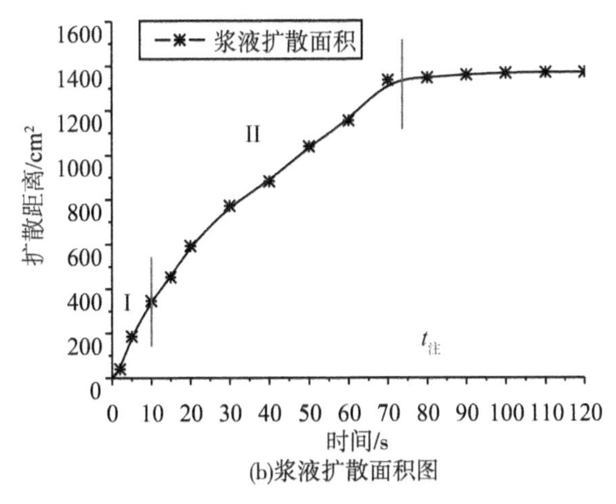

(b)浆液扩散面积图

图 4-22 试验 No. 5 浆液扩散距离及面积

Ⅲ阶段——沿侧向边界冲刷形成溃水通道，>85s。此时已停止注浆，而该两组类似浆液胶凝时间为最大水平 113.2s，浆液并未完全发生胶凝固化，在 U 形扩散阶段，特别是裂隙边缘 $y=0$ 一侧在动水水流冲刷作用下，浆液被水流稀释，催化反应变得更慢，且早期混合被注入的浆液不断被动水冲刷携带至下游。所以，该侧

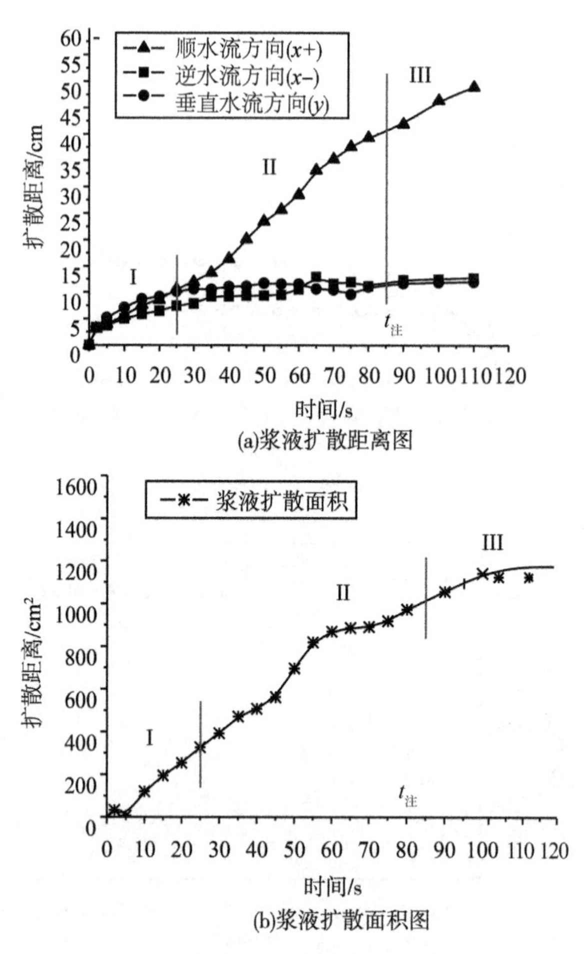

(a)浆液扩散距离图

(b)浆液扩散面积图

图 4-23　试验 No. 4 浆液扩散距离及面积

浆液固化反应不够充分，充填并不密实，动水逐渐沿着侧壁将浆体切穿冲散，直到冲刷形成稳定的溃水通道。

(4) 切穿浆液冲刷通道型

图 4-20(d) 为试验 No. 3 所对应的切穿浆液冲刷通道型浆液扩散过程图像，正交试验设计中试验 No. 7 与 No. 8 浆液扩散规律基

本相同。

试验 No. 3，注浆时间($t_{注}$)为 70s，注浆过程中浆液顺水流($x+$)方向、逆水流($x-$)方向、垂直水流(y)方向扩散距离及浆液扩散面积如图 4-24 所示。浆液扩散基本上可以分成三个阶段：Ⅰ阶段近圆形扩散，Ⅱ阶段近 U 形扩散，Ⅲ阶段切穿浆液冲刷形成溃水通道。

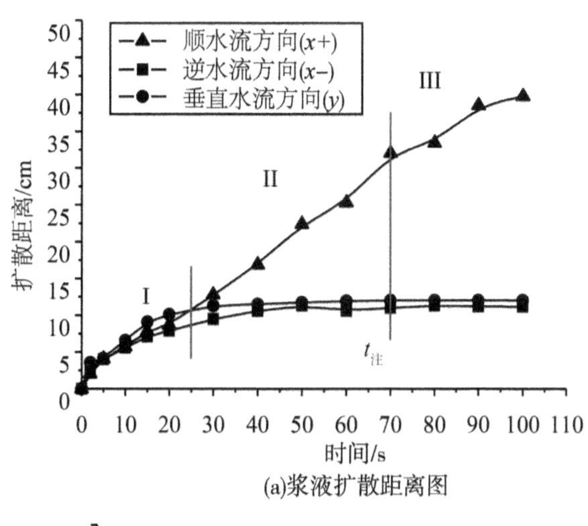

(a)浆液扩散距离图

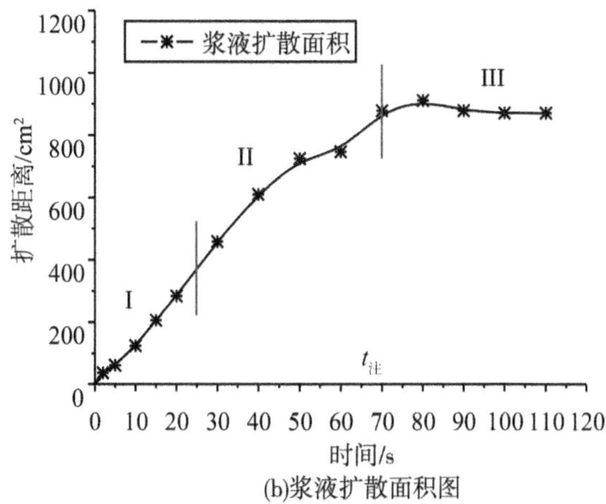

(b)浆液扩散面积图

图 4-24 试验 No. 3 浆液扩散距离及面积

Ⅰ阶段——近圆形扩散，0~25s。该阶段浆液扩散过程规律与冲刷边缘通道型第一阶段基本一致。

Ⅱ阶段——近 U 形扩散，25~70s。该阶段浆液扩散过程规律与封堵完整充填型第二阶段近 U 形扩散规律相似。“x-”方向浆液扩散距离增大不明显，前缘平滑半圆形；“x+”方向浆液匀速向下游扩散且裂隙两侧边界处浆液被水流冲刷，运移速度大于中心线附近在注浆压力作用下的浆液扩散速度，前缘形成凹向上游的弧形。

Ⅲ阶段——切穿浆液冲刷形成溃水通道，>70s。注浆结束，试验浆液胶凝时间也相对较长，浆液并未完全发生胶凝固化，且浆液扩散充填区域存在薄弱区域，而随着注浆结束并没有新的化学浆液补给到裂隙，在动水水流冲刷作用下，水流沿着浆液该薄弱区域逐渐切穿浆液，动水冲刷带走被冲散后的浆液碎块，浆液总面积有略微减小，直到完全贯通形成稳定的溃水通道。

(5) 交叉通道冲刷破碎型

图 4-20(e)为试验 No. 14 所对应的交叉通道冲刷破碎型浆液扩散过程图像，正交试验设计中试验 No. 11、No. 12、No. 15、No. 16 浆液扩散规律基本相同。

试验 No. 14，注浆时间($t_{注}$)为 120s，注浆过程中浆液顺水流(x+)方向、逆水流(x-)方向、垂直水流(y)方向扩散距离及浆液扩散面积如图 4-25 所示。浆液扩散基本上可以分成三个阶段：Ⅰ阶段近圆形扩散，Ⅱ阶段近 U 形扩散，Ⅲ阶段多交叉溃水通道冲刷破碎。

Ⅰ阶段——近圆形扩散，0~20s。该阶段浆液扩散过程规律与前述几种类型第Ⅰ阶段近圆形扩散基本一致。

Ⅱ阶段——近 U 形扩散，20~120s。该时间段持续注浆阶段，浆液“x+”方向前缘及 y 方向靠近裂隙边缘虽然被动水稀释有冲散冲开的趋势，如 60~80s，但由于持续注浆，浆液及时得到补充，裂隙中浆液近 U 形扩散的整体形状并没有完全被破坏。该阶段，“x-”方向浆液扩散距离变化不大，前缘平滑半圆形明显；“x+”方向浆液向下游扩散速度增快，扩散距离明显增大，但前缘没有出现

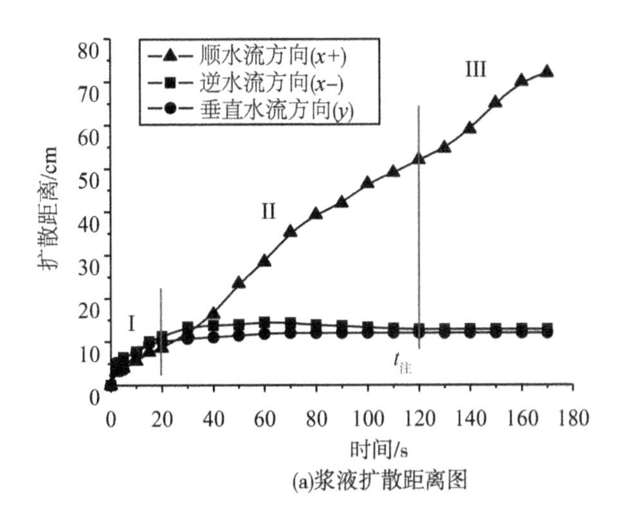

(a)浆液扩散距离图

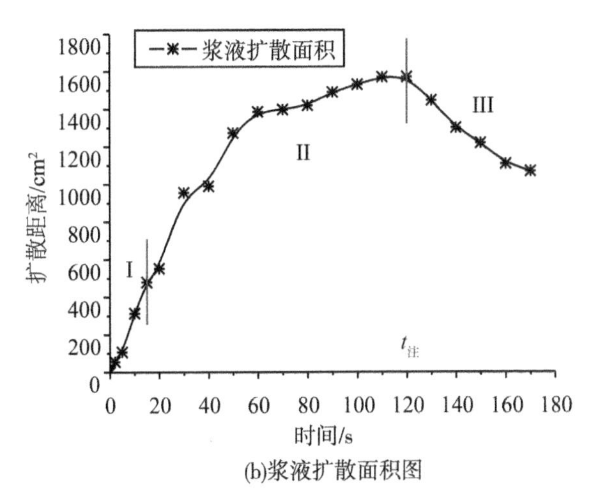

(b)浆液扩散面积图

图 4-25　试验 No. 14 浆液扩散距离及面积

凹向上游的弧形。

Ⅲ阶段——交叉溃水通道形成冲刷破碎，>120s。注浆结束，试验组所对应动水流速水平较大，动水冲刷强烈，而此时最初注入裂隙的浆液虽然达到了胶凝时间，但是浆液固化不完全，并未与裂隙岩壁产生较大的黏结力，还不足以阻挡上游动水压力，且浆液扩散充填区域存在薄弱区域，而随着注浆结束并没有新的化学浆液补给到裂隙，在动水水流冲刷作用下，上游浆液边缘出现多个裂口，使得动水水流沿着浆液凝固薄弱区域逐渐切穿浆液并形成几条溃水通道。而当前缘形成的几条溃水通道在中游某些位置汇合后又形成了新的较大动水冲刷力，这样动水冲散了中下游的浆液，并冲刷带走部分被冲散后的浆液碎块，裂隙中固结浆液面积随之减小，直到完全贯通形成稳定多个交叉的溃水通道，注浆封堵失败。

(6)分区分层扩散底部残留型

图 4-20(f)为动水条件下单一脲醛树脂浆液(不添加草酸)所对应的分区分层扩散底部残留型浆液扩散过程图像，试验条件为动水流速 2cm /s，裂隙开度 2mm，注浆流量 400mL/min，浆液胶凝黏度 18mPa · s，试验标记为 A2B2CpD2。

试验注浆时间($t_{注}$)为 50s，注浆过程中浆液顺水流(x+)方向、逆水流(x-)方向、垂直水流(y)方向扩散距离及浆液扩散面积如图 4-26 所示。浆液扩散基本上可以分成三个阶段：Ⅰ阶段近圆形扩散，Ⅱ阶段近 U 形扩散，Ⅲ阶段冲刷底部残留阶段。

Ⅰ阶段——近圆形扩散，0~10s。该阶段浆液扩散过程规律与前述几种类型第Ⅰ阶段近圆形扩散基本一致，而“x+”方向浆液扩散速度更快一些。

Ⅱ阶段——近 U 形扩散，10~50s。该时间段持续注浆，呈标准 U 形扩散，“x-”方向浆液扩散距离基本不变，前缘呈标准平滑半圆形；浆液“x+”方向浆液扩散速度较快。由于单一脲醛树脂溶液缺少了乙液催化剂，浆液抗分散能力减弱，注浆过程中浆液分层扩散现象明显，如图 4-27 所示。

浆液扩散可分为三个类型扩散区域：浆液充填扩散区、浆液过渡扩散区和分层冲刷扩散区，该阶段注浆过程中三个区域形态基本保持稳定，受动水影响，在“x-”和 y 方向各区域边界线基本保持不变，仅在“x+”方向逐渐向下游延伸。在分层冲刷扩散区，浆液在扩散过程中与裂隙中的水流呈现上下分层的现象，且各层之间的

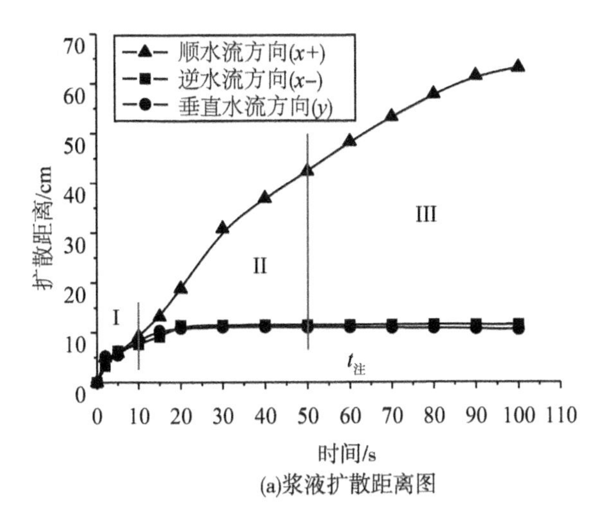

(a)浆液扩散距离图

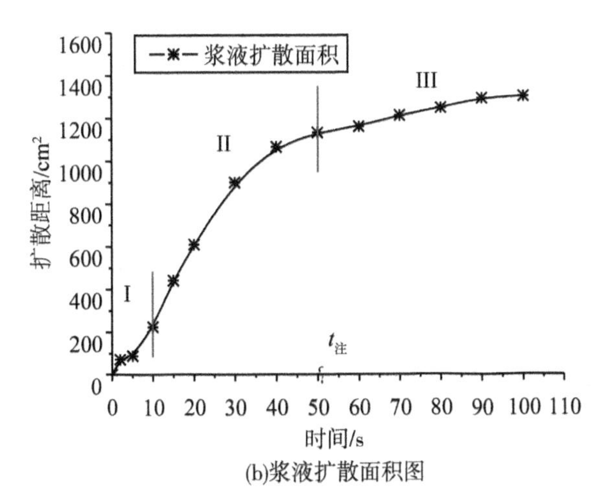

(b)浆液扩散面积图

图 4-26　单脲醛树脂浆液扩散距离及面积

流态稳定，层间流线明显。

Ⅲ阶段——冲刷底部残留阶段，>50s。注浆结束，没有了浆液的持续补给，在动水的作用下，上层浆液持续被冲刷，浆液充填扩散区在仍保留原来的形态下迅速缩小，浆液过渡扩散区逐渐扩大，外层分层冲刷扩散区也随之慢慢增大，图 4-28 为 75s 时刻浆液分层扩散图。随动水持续冲刷，最终浆液充填扩散区和浆液过渡扩散区

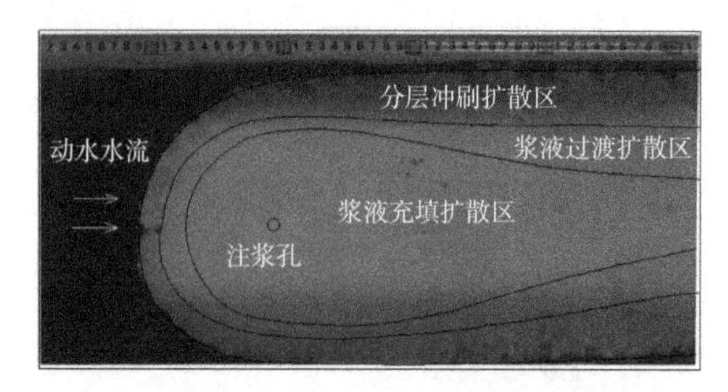

图 4-27　脲醛树脂浆液分层扩散

消失，只剩下分层冲刷扩散区。稳定后，浆液自下而上可划分为沉积层、浆液扩散层及水流层，其中位于底层的沉积层在没有外力扰动下是静止的，中间的浆液扩散层和顶层的水流层层间流线明显，没有再发生浆液继续被水稀释现象，冲刷底部残留阶段最终稳定。

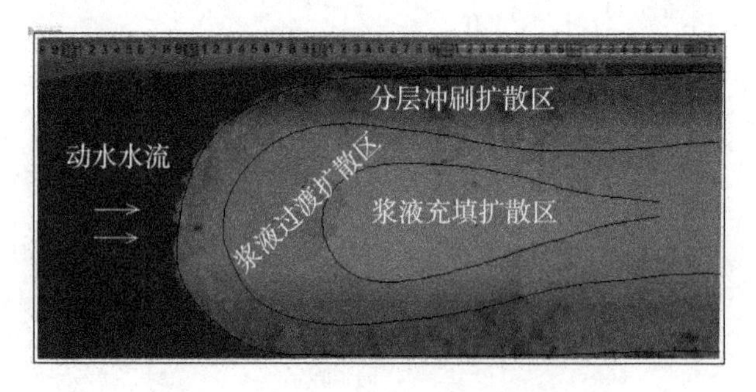

图 4-28　75s 时刻浆液分层扩散状态图

4.5.2　光滑非平直裂隙动水注浆扩散及封堵过程

对于简化条件下边界非平直裂隙，分别进行了裂隙边界呈开口形状和闭口形状的多个动水水平下的注浆封堵试验。图 4-29(a)为裂隙边界开口形状试验 No. b-2 所对应的动水注浆浆液扩散过程图像，图 4-29(b)为裂隙边界闭口形状试验 No. c-2 所对应的动水注浆浆液扩散过程图像。

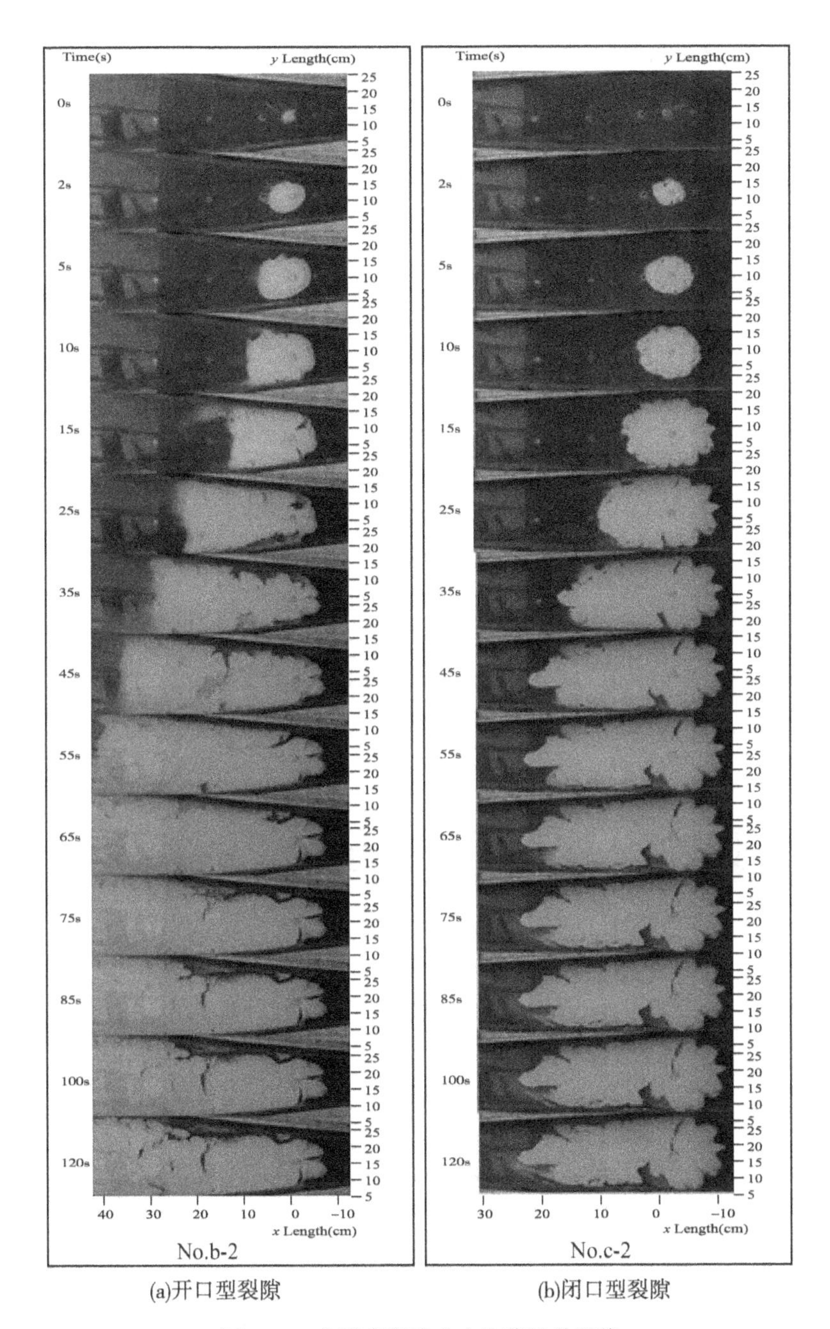

(a)开口型裂隙 (b)闭口型裂隙

图 4-29 非平直裂隙动水注浆扩散图像

试验注浆时间（$t_{注}$）均为 75s，注浆过程中浆液顺水流（x+）方向、逆水流（x−）方向及浆液扩散面积如图 4-30 所示。虽然两种类型裂隙注浆过程中浆液扩散特征并不相同，但从注浆过程来看，基本上可以把浆液扩散过程分为三个阶段描述：Ⅰ阶段近圆形扩散，Ⅱ阶段沿边界扩散，Ⅲ阶段稳定阶段。

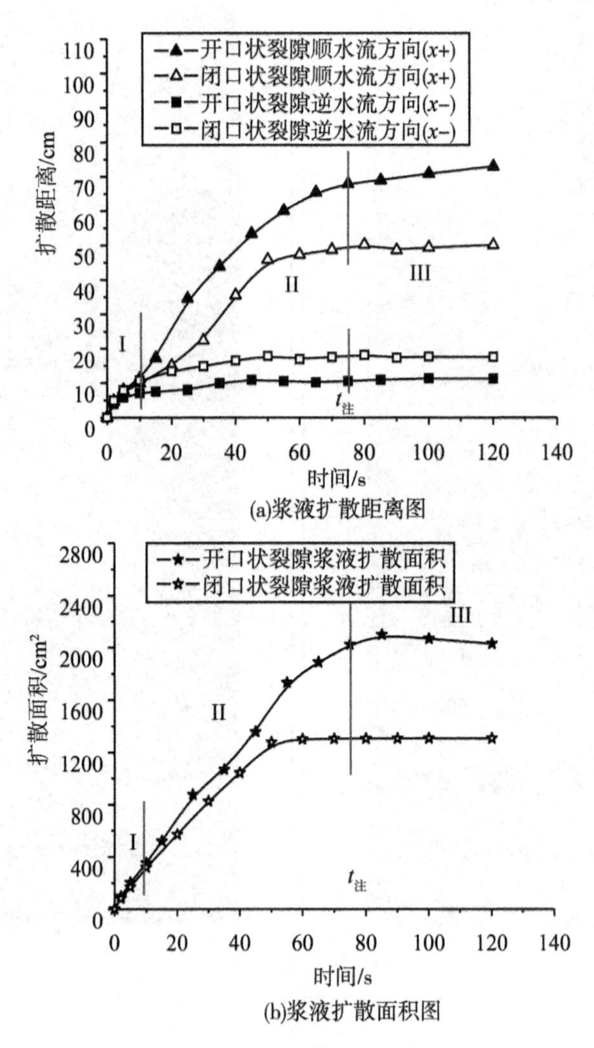

图 4-30　非平直边界裂隙浆液扩散距离及面积

Ⅰ阶段——近圆形扩散。两种边界形状的裂隙与平直裂隙动水注浆浆液扩散第Ⅰ阶段相似，在裂隙稳定动水条件下开启注浆机的短时间内，浆液进入裂隙后以注浆孔为圆心近圆形向四面辐射扩散。且受动水水流影响，浆液顺水流“$x+$”方向扩散速度明显大于逆水流“$x-$”方向。

Ⅱ阶段——沿边界扩散。该阶段随着持续注浆的进行，浆液扩散受裂隙边界的影响具体表现为在顺水流“$x+$”方向，开口形状裂隙浆液扩散距离明显大于闭口形状裂隙，而在逆水流“$x-$”方向则相反；开口形状裂隙浆液扩散面积明显大于闭口形状裂隙，但浆液凝固密实度较差，特别是开口形状裂隙下游浆液更多的是散碎的固结块体；闭口形状裂隙上游浆液边缘在注浆压力和过水断面动水阻力下被剪裂现象明显，似花瓣状。

Ⅲ阶段——稳定阶段。注浆结束后，受裂隙边界形状影响，在第Ⅱ持续注浆扩散阶段，注浆过程中开口形状裂隙下游浆液与裂隙边缘形成的有效黏结力较小，裂隙边缘在动水水流冲刷作用下，水流沿着裂隙边缘浆液薄弱区域逐渐切穿浆液，使得开口形状裂隙在动水冲刷下形成的溃水通道大于闭口形状裂隙，其堵水率较低，注浆封堵效果偏差。

4.5.3 平直充填裂隙动水注浆扩散及封堵过程

图 4-31 为充填裂隙试验 No. d-1 所对应的动水注浆浆液扩散过程图像。

试验注浆时间($t_{注}$)均为 75s，注浆过程中浆液顺水流($x+$)方向、逆水流($x-$)方向及浆液扩散面积如图 4-32 所示。

与其他各类型试验中非充填裂隙注浆浆液扩散过程与规律不同，裂隙充填后，浆液扩散过程规律自始至终基本一致。注浆开始后，浆液在以注浆孔为中心的第一个网络空间中扩散集聚并首先充填满该网络空间，浆液边界受充填物影响并不是近似圆形扩散，由于受到动水流速的影响，浆液在逆水流“$x-$”方向扩散速度小于顺水流方向；随着持续注浆，在注浆压力作用下浆液向四周相邻网络空间扩散，待浆液充填满裂隙横断面上所有相邻空间，

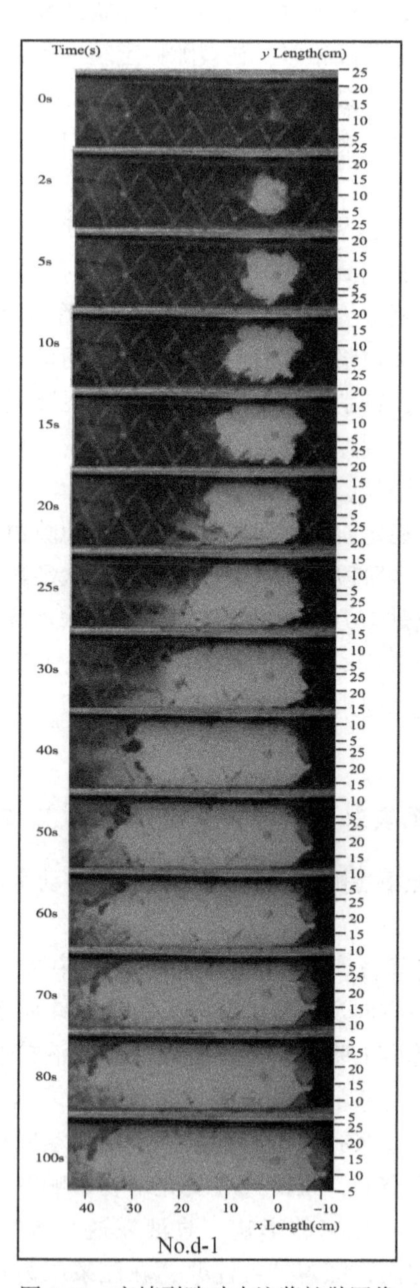

图 4-31　充填裂隙动水注浆扩散图像

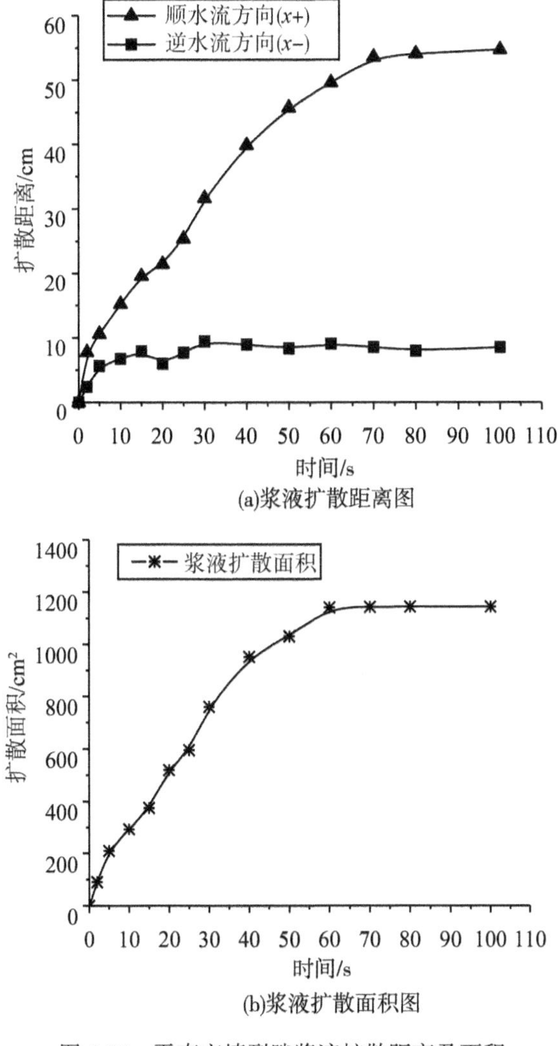

(a)浆液扩散距离图

(b)浆液扩散面积图

图 4-32 平直充填裂隙浆液扩散距离及面积

对动水横断面形成有效阻隔；随着注浆的进行，浆液持续注入裂隙中，在注浆压力作用下一部分持续向下游扩散，一部分浆液压密原有网络空间中的浆液，使浆液与裂隙岩壁及充填物间形成一定黏结力并结成整体，形成对动水水流的有效封堵，注浆效果较好。

4.6 注浆压力及裂隙渗流压力变化规律

试验过程中，利用布置在注浆管路和水平裂隙各部位的水压力传感器，通过数据监测采集系统，对动水注浆封堵试验过程中裂隙渗流压力进行监测。对光滑平直裂隙动水注浆浆液扩散及封堵过程类型进行分析，由于试验组数较多，各类型选取其中代表性试验数据进行分析。

4.6.1 注浆压力变化特征

图 4-33 为选取各注浆扩散类型中，堵水效果各不相同的几组试验注浆压力变化曲线。试验开始注浆时刻为 15s，注浆过程中在注浆流量、裂隙开度及动水冲刷等多因素共同作用影响下，注浆压力并没有明显地随单因素变化而变化的规律，注浆压力最初的波动趋势是基本一致的。而注浆稳定压力受注浆堵水率的影响程度较大，注浆堵水效果越好，浆液充填封堵程度越大，驱使裂隙内留存的浆液继续扩散运移所需要的注浆压力越大。如图 4-33 所示，注

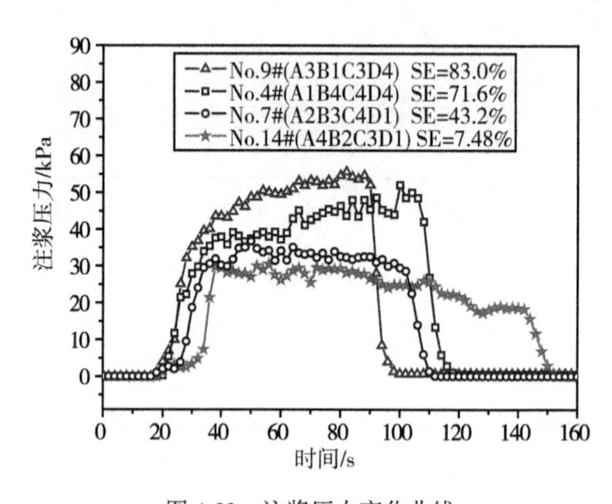

图 4-33　注浆压力变化曲线

浆稳定阶段试验 No. 9 注浆压力最大，且呈逐渐增大趋势，而试验 No. 14 注浆稳定阶段注浆压力偏小，且随动水不断冲刷新注入的浆液，后期注浆压力呈减小趋势。

试验 No. 9 和 No. 4 试验过程中，注浆压力变化规律基本一致。开始注浆后，浆液进入注浆管路监测到注浆压力值，在最初的 15~20s 内，注浆压力逐渐增大，这个过程也是浆液从注浆孔逐渐扩散到裂隙展布边界，逐渐越来越大程度地阻断动水水流的过程。随着稳定注浆的持续，浆液沿裂隙边界向下游稳定扩散，随着浆液扩散面积增大，与裂隙岩壁间产生的动摩擦力及黏结力增加，注浆压力呈缓慢增大趋势。注浆结束后，注浆压力为 0。

试验 No. 7 和 No. 14 试验过程中，注浆压力变化规律基本相似。由于该两组注浆流量最小，浆液进入裂隙后扩散速度较慢，所以注浆压力从 0 增大到最大稳定值比前两组需要更长的时间。而形成稳定注浆后，浆液流量较小，裂隙稳定扩散速度较慢，同时受到动水冲刷作用，浆液与裂隙壁接触面积相对较小，稳定扩散阶段所需的注浆压力比前两组略小。注浆后期，裂隙中浆液被动水冲刷破碎，形成多个溃水通道，注浆压力呈减小趋势。直到注浆结束后，压力变为 0。

4.6.2 裂隙渗流压力场变化特征

(1) 留存完全封堵型

图 4-34 为试验 No. 5 裂隙渗流压力场变化规律曲线。图中，t_0 为开始注浆时刻，$t_{注}$ 为结束注浆时刻。

结合前文对注浆过程中浆液扩散规律的描述，注浆开始前几秒时间内，受脉冲往复式注浆机的影响，浆液开始进入裂隙，裂隙各部位压力均出现波动，离注浆孔越近的监测点 2 和 3 位置表现尤为明显。

注浆稳定进行，监测点 2 和 3 开始被浆液扩散并覆盖，由最初的水压力转变为浆液压力，且上游监测点 2 位置渗流压力增大较快，且明显大于下游监测点 3 位置。这是由于浆液扩散过程中向上游扩散浆液同时受到动水压力而扩散速度减慢，浆液开始滞留聚集，形成较高的渗流压力场。向下游则浆液有排泄的路径，但随着下游扩散的浆液开始发生胶凝反应，与裂隙岩壁逐渐形成黏结力后，监测点 3 位置的渗流压力值逐渐增大。

对于裂隙上游监测点 1 处的渗流压力场，随着注浆浆液扩散到裂隙两侧边缘，对整个裂隙过水断面开始形成部分有效阻隔，裂隙上游监测点 1 位置的水压力也随之增大，后稳定注浆后数值趋于稳定，转变为静水压力。

离注浆孔较远的下游监测点 4 处的渗流压力出现滞后性增大现象，开始注浆的一段时间内，浆液未扩散到下游，其渗流压力为水压力，注浆后期浆液逐渐扩散形成水和浆混合压力，压力开始增大，最终注浆结束后趋于稳定。

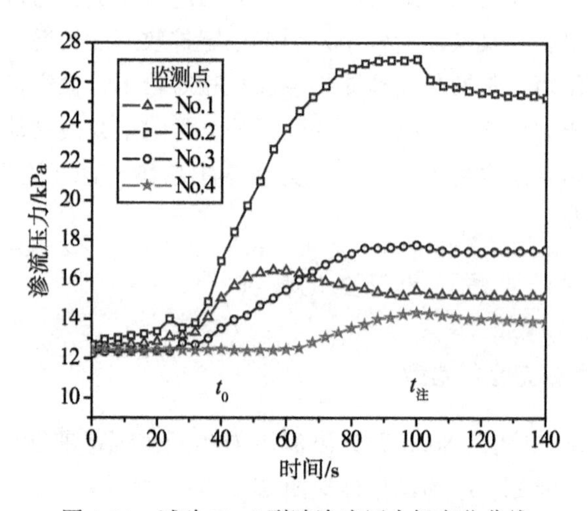

图 4-34　试验 No. 5 裂隙渗流压力场变化曲线

(2) 冲刷通道型

图 4-35 为试验 No. 4 所对应的沿侧向边界冲刷通道型裂隙渗流压力场变化规律曲线，图 4-36 为试验 No. 3 所对应的切穿浆液冲刷通道型裂隙渗流压力场变化规律曲线。

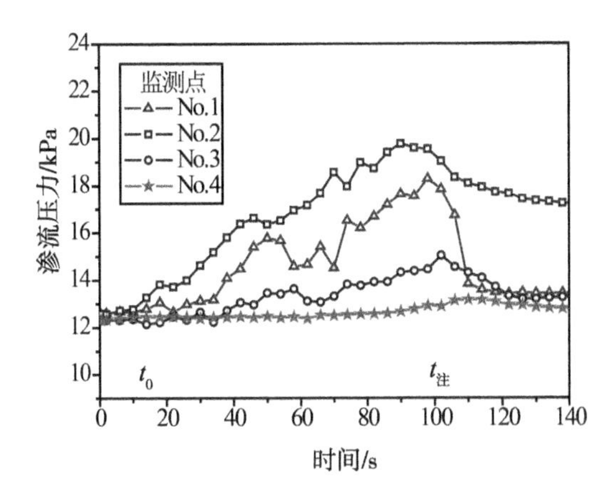

图 4-35 试验 No. 4 裂隙渗流压力场变化曲线

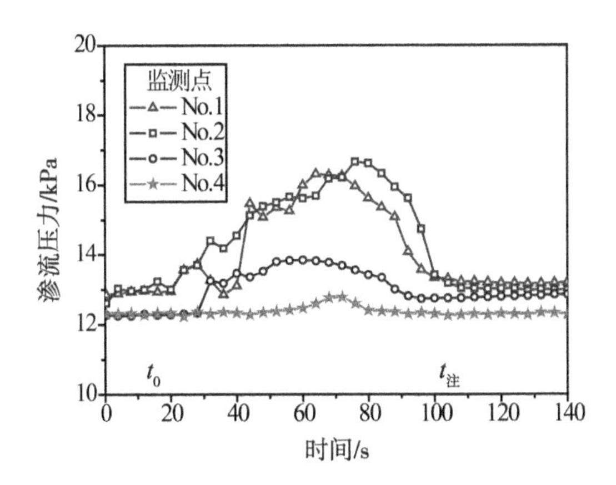

图 4-36 试验 No. 3 裂隙渗流压力场变化曲线

注浆过程中监测点 1、2、3 处渗流压力的增大及减小变化趋势基本一致。注浆流量均较大，开始注浆后，逆水流监测点 2 处水压力被浆液压力替代，渗流压力增大。且随着注浆的持续，该点处渗流压力逐渐增大，直到注浆结束前达到峰值。浆液进入裂隙后，迅速部分地阻断裂隙动水，监测点 1 处的水压力值逐渐增大。该两组试验所对应的浆液胶凝时间较长，裂隙注浆孔下游特别是监测点 3 位置，水压力后变为水浆混合物压力，同时浆液胶凝较慢并顺水流向下游扩散，与裂隙岩壁形成黏结力时间较长，测得的渗流压力值增加较慢。而监测点 4 裂隙下游距离注浆孔较远，其变化趋势并不明显，在注浆后期该位置渗流压力值有小幅增大。

注浆结束后，裂隙浆液并未完全发生胶凝固化，特别是在动水水流冲刷作用下，浆液被水流稀释，催化反应变得更慢，且早期混合被注入的浆液不断被动水冲刷携带至下游，导致裂隙展布边界附近或裂隙中浆液一些部位固化反应不够充分，充填并不密实，动水逐渐沿着侧壁或浆液胶凝薄弱部位将浆液切穿冲散，直到冲刷形成稳定的溃水通道。所以，在 t 时刻后，由于形成贯通的溃水通道，裂隙上游阻断的动水得到重新释放，渗流压力陡降。监测点 1 处的水压力值降低更为明显，同时受溃水通道水流冲刷，监测点 2、3 处渗流压力也明显减小。

试验 No. 3 所对应的切穿浆液冲刷通道型，溃水通道从浆液中间穿过，监测点 2、3 处的渗流压力得到释放，重新回到水压力初始值。而试验 No. 4 所对应的沿侧向边界冲刷通道型，监测点 2、3 处的渗流压力部分释放，数值减小但仍高于初始值。

(3) 冲刷破碎型和冲刷底部残留型

图 4-37 为试验 No. 14 所对应的冲刷整体破碎型裂隙渗流压力场变化规律曲线，图 4-38 为脲醛树脂所对应的冲刷底部残留型裂隙渗流压力场变化规律曲线。

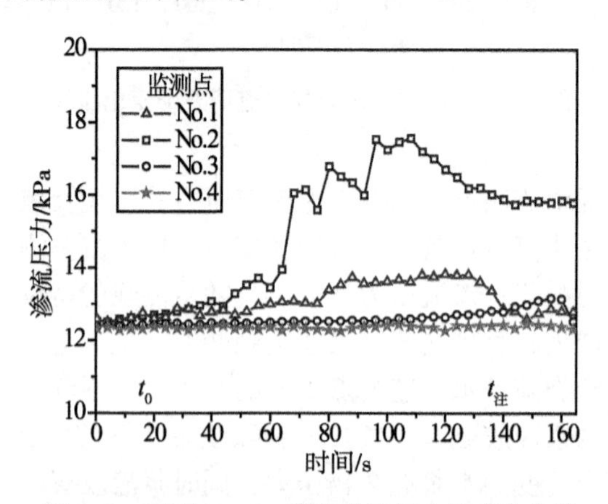

图 4-37　试验 No. 14 裂隙渗流压力场变化曲线

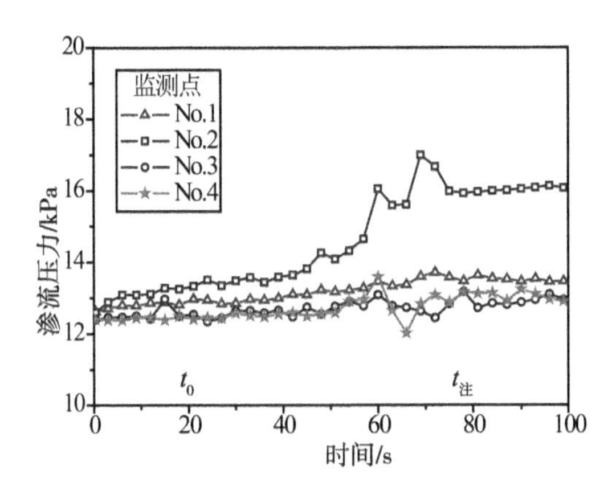

图 4-38 脲醛树脂单液注浆裂隙渗流压力场变化曲线

此两种类型的注浆过程中裂隙渗流压力场变化基本相似，监测点 2 位置的渗流压力增大明显，而其他几个监测点位置的渗流压力变化幅度不大。

两种类型注浆过程中，裂隙下游浆液均没有形成较大的胶凝体，没有与裂隙岩壁间产生有效黏结力，浆液顺水流被冲刷带走，裂隙监测点 3 和 4 位置为由最初的水压力转变为浆水混合压力，但浆液并未产生胶凝，仍为流态，两监测点处的渗流压力无明显变化。在裂隙上游，开始注浆后，逆水流监测点 2 处，浆液替代了原来动水空间，浆液同时受到动水压力而扩散速度减慢，浆液开始滞留聚集，使该位置测得的渗流压力增大。裂隙上游较远监测点 1 位置渗流压力有动水水压产生，试验过程自始至终均没有形成良好的堵水效果，浆液扩散过程中只产生较小阻断动水效应，所以注浆过程中监测点 1 处的渗流压力只有小幅度增大趋势。

4.7 浆液扩散规律及封堵机理分析

4.7.1 非动水条件水平裂隙浆液扩散机理及规律分析

对于单一裂隙扩散半径的理论推导，已有学者做过一些研究。

但多数研究是在基于给定恒定压力的条件下推导得出的，这样忽略了实际注浆过程中压力的限值及波动机理。

注浆压力产生，由注浆泵发动机特性(如负荷与转速关系)与浆液在地质体中扩散所受阻力共同决定。在其他注浆条件一定时，注浆泵提供的主动压力与浆液在地质体中受到的被动压力的平衡主要通过注浆流量来表现和实现。因此，以注浆流量为基准进行注浆分析更为恰当合理。

进行浆液扩散机理分析，首先作以下基本假设：

①注浆过程中浆液运移满足连续性方程；

②浆液在运动中体积不可压缩；

③浆液在运动中密度是不变的；

④浆液在过流断面上流速按平均流速考虑；

⑤注浆过程中以已知稳定注浆流量为基础进行分析；

⑥忽略注浆压力在注浆管路中的能量损失。

(1)非动水条件水平无限边界裂隙浆液扩散

在注浆过程中，注浆压力 P 随时间 t 的波动变化通常可以方便获取，可写为如下形式：

$$P = P(t) \tag{4-6}$$

在任意时刻，注浆压力 P(负载)与注浆流量 $Q_{注}$(转速)符合注浆泵特性曲线

$$Q_{注} = f(P) \tag{4-7}$$

则注浆流量随时间变化规律为：

$$Q_{注} = f[P(t)] \tag{4-8}$$

裂隙水平且注浆孔方位与裂隙垂直正交时，浆液在平面裂隙内的流动为辐向流，假设裂隙边界相对于浆液扩散半径无限远，选取控制体如图 4-39 所示。

则浆液的扩散半径可以流量为基准进行推导：

依据连续性方程，在任意时刻，封闭控制体入流边界与出流边界流量相等。因此，在开始注浆后某一时刻 t，注浆泵浆液输出量与裂隙被注入量相等，即

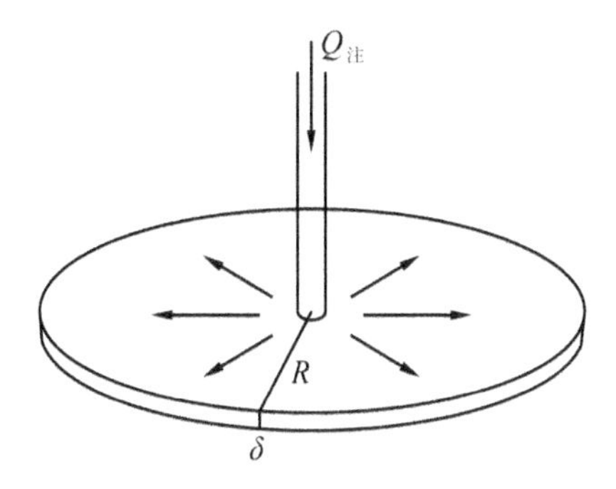

图 4-39 无限边界裂隙注浆扩散示意图

$$\pi R^2 \cdot \delta = \int_0^t Q_注 \mathrm{d}t \tag{4-9}$$

则基于注浆压力全特性规律的扩散半径

$$R = \sqrt{\frac{\int_0^t Q_注 \mathrm{d}t}{\pi \cdot \delta}} = \sqrt{\frac{\int_0^t f[P(t)]\mathrm{d}t}{\pi \cdot \delta}} \tag{4-10}$$

式中，δ 为裂隙隙宽。

以注浆孔位置为原点，裂隙平面为 X-Y 平面建立坐标系。任意时刻 t，浆液已流经的任意点 $A(x, y)$ 处，扩散流速为

$$v = \frac{Q_注}{2\pi R \cdot \delta} = \frac{f[P(t)]}{2\pi\sqrt{x^2 + y^2} \cdot \delta} \tag{4-11}$$

(2) 非动水条件水平有限边界裂隙浆液扩散

当裂隙展布宽度相对于注浆扩散半径较小时，浆液首先按辐向流扩散。当扩散至裂隙边界并持续一定时间后，浆液开始向裂隙两端扩散，如图 4-40 所示。辐向流阶段浆液扩散半径及速度可按式(4-10)、式(4-11)求解。

浆液沿边界走向向裂隙两端扩散时，注浆开始后某时刻 t 浆液前端与注浆孔的距离为：

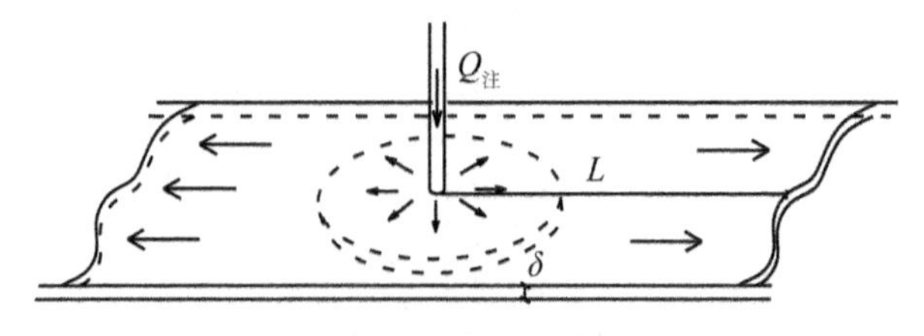

图 4-40　有限边界裂隙注浆扩散示意图

$$L \cdot B \cdot \delta = \int_0^t Q_{注} \mathrm{d}t \tag{4-12}$$

$$L = \frac{\int_0^t Q_{注} \mathrm{d}t}{B \cdot \delta} = \frac{\int_0^t f[P(t)] \mathrm{d}t}{B \cdot \delta} \tag{4-13}$$

式中，B 为裂隙展布宽度。

此时，两端扩散速度相等，方向相反。速度大小为：

$$v = \frac{Q}{B \cdot \delta} = \frac{f[P(t)]}{2\pi \sqrt{x^2 + y^2} \cdot \delta} \tag{4-14}$$

4.7.2　动水条件有限边界裂隙浆液扩散规律

根据试验，浆液在有限边界裂隙的扩散过程可以分为两个阶段：第一，无侧向边界辐向扩散阶段；第二，沿侧向边界扩散阶段。

无侧向边界辐向扩散阶段(第一扩散阶段)：即浆液由注浆孔泵出后，向四周扩散但未接触裂隙展布边界的阶段。在该阶段，浆液向上游扩散速度小，向下游扩散速度快。在浆-水交界面上，则出现浆液被动水稀释并冲刷的现象。

实际工程岩体中，裂隙展布范围通常较大，因此，无侧向边界辐向扩散阶段的浆-水流动规律是普遍存在的。

沿侧向边界扩散阶段(第二扩散阶段)：浆液扩散到达边界后，受边界限制，浆液开始填充整个断面向裂隙上、下游扩散。若浆液凝胶时间长，由于受到静水压力的作用，则浆液上游方向扩散速度慢，向下游扩散时速度快。但根据试验结果，浆液凝胶时间较短时，由于下游浆液不受水的影响，浆液首先凝胶，上游受水的稀释凝胶时间增长。因此，此时向上游扩散速度 $v_{上}$ 大于向下游扩散速度 $v_{下}$。

在第一扩散阶段，裂隙中浆-水两相流流动形态如图 4-41 所示。图中 O 点为注浆孔位置。

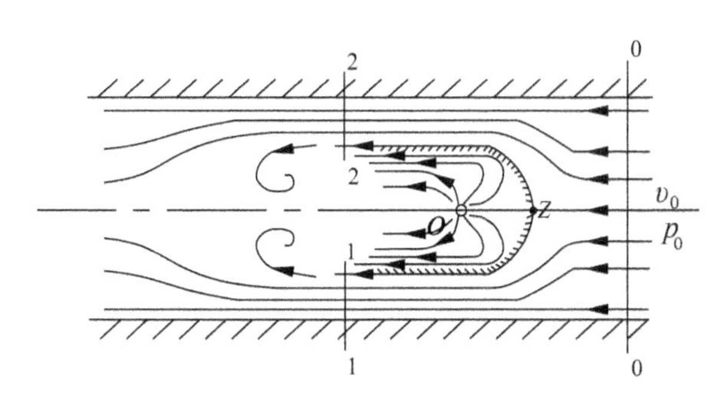

图 4-41 浆液-水流动形态图

当浆液扩散接触到动水水流时，动水流动受到浆液的阻滞作用，浆液扩散也同时受到动水的阻滞作用。在中轴线上接触点 Z 处，动水流速与浆液流速 u 均为 0，该点称为驻点。在某一时刻，在驻点 Z 处，动水动能全部转变成压能，该点处压强 $p = p_0 + \frac{1}{2}\rho u_0^2$。当水的流动离开 Z 点，沿浆液扩散至体外侧绕流时，流速由 0 逐渐增大，压能逐渐转化成动能。

浆液绕流过浆液扩散体后，根据“边界层理论”，在绕流扩散体后方形成漩涡区，称为尾流。水绕扩散体绕流时，除了在浆-水交界面摩擦阻力耗能外，尾流的漩涡区也损耗了大量能量，使得尾流区压强急剧减小。因此，则出现了试验中部分下游监测点压力降低或滞后升高的现象。

动水绕浆液扩散体流动时，由于裂隙展布边界的存在，随着浆液扩散半径增大，动水的过流断面变小。但在该阻碍类型下，局部阻力系数 ξ 小于 0.05，动水流速所受影响可以忽略，动水流动在该时刻可视为均匀等势流。此时，可应用势流理论对动水条件下浆液第一扩散阶段的扩散规律进行分析，如图 4-42 所示。

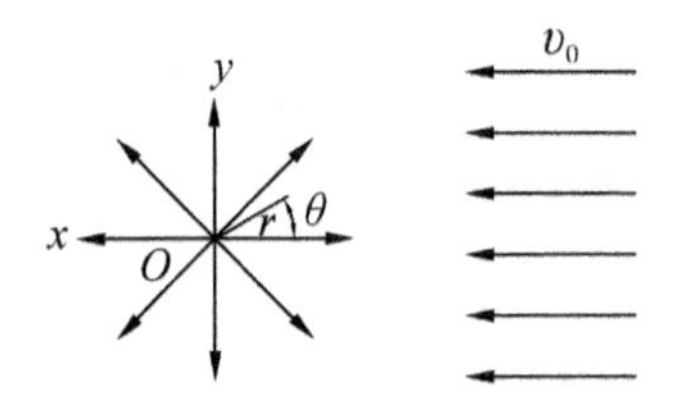

图 4-42　动水均匀等速流与浆液点源辐向流

均匀流的流速势和流函数为：

$$\varphi_0 = v_0 x \tag{4-15}$$

$$\psi_0 = v_0 y \tag{4-16}$$

辐向流的流速势和流函数为：

$$\varphi_1 = \frac{q}{2\pi}\ln r \tag{4-17}$$

$$\psi_1 = \frac{q}{2\pi}\theta \tag{4-18}$$

根据势流的叠加原理，则辐向扩散阶段某时刻浆液势流的流速势和流函数为：

$$\varphi = \varphi_0 + \varphi_1 = v_0 r\cos\theta + \frac{q}{2\pi}\ln r \tag{4-19}$$

$$\psi = \psi_0 + \psi_1 = v_0 r\sin\theta + \frac{q}{2\pi}\theta \tag{4-20}$$

式中，q 为单宽流量。

驻点 Z 处，流速等于零

$$\frac{\partial\varphi}{\partial r} = 0 \tag{4-21}$$

所以，该时刻驻点 Z 的位置可以求得

$$x_z = -\frac{q}{2\pi v_0},\quad y_z = 0 \tag{4-22}$$

$x_z = -\frac{q}{2\pi v_0}$ 即为浆液扩散在逆水流方向的扩散距离。

浆液扩散体的外轮廓线

$$v_0 r\sin\theta + \frac{q}{2\pi}\theta = \frac{q}{2} \tag{4-23}$$

则浆液在垂直水流方向的扩散宽度为：

$$b = r\sin\theta = \frac{q}{2v_0}\left(1 - \frac{\theta}{\pi}\right) \tag{4-24}$$

4.7.3 浆液固结封堵机理分析

通过试验分析可知，浆液的封堵状态可分为以下四种情况：

①全断面扩散固结完全封堵：浆液由注浆孔进入裂隙后，迅速扩散并充填整个裂隙。动水被完全阻隔，因此，流动中浆液达到凝胶时间后开始固结，固结一般先由下游方向开始。由于在扩散第一阶段转化为第二阶段时，上游浆液混入了较多水，再加上裂隙中浆液与水接触面积增大，裂隙水对浆液的稀释作用增强，因此，上游浆液凝胶时间延长后固结。浆液扩散后凝胶封堵过程如图 4-43 所示。

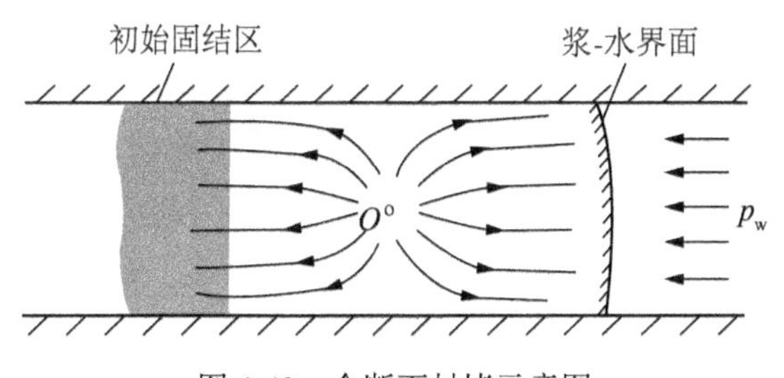

图 4-43 全断面封堵示意图

②固结—绕流—固结完全封堵：当注浆流量 $Q_{注}$ 无法使浆液扩散到两边裂隙边界以封堵全断面时，若浆液凝胶时间够短，仍可实现完全封堵。由前述分析可知，动水流速 v_0 大于浆液扩散流速时，在浆液与水形成的二维平面钝体绕流中，浆液向下游方向中轴线处流速最小，向裂隙两边界流速增大。再加上扩散体下游外侧受到水

流冲刷稀释作用，因此，注浆孔下游扩散方向前端中轴线位置浆液最先固结，如图 4-44 所示。

此时，一方面动水绕注浆孔扩散出的浆液扩散体流动；另一方面，浆液顺水流流动时又形成对浆液初始固结区的绕流。由于凝胶时间短，绕流到初始固结区的浆液又开始凝胶固结，固结区范围不断增大。该过程不断持续，最终固结范围达到裂隙展布边界，整个过水断面被浆液固结充填，实现了完全封堵。

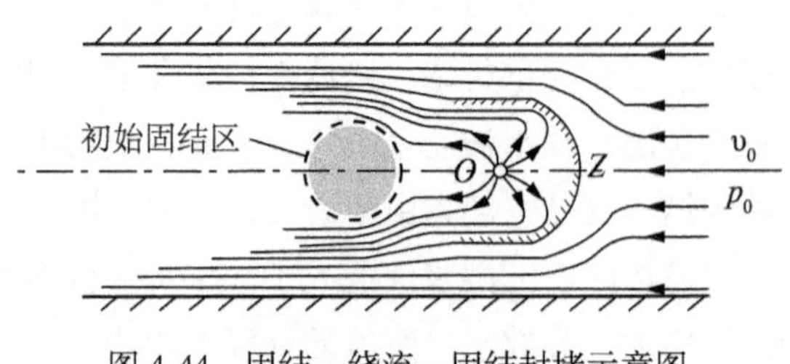

图 4-44　固结—绕流—固结封堵示意图

③非全断面扩散留存不完全封堵：如试验 3#、试验 4#。注浆开始一段时间后，注浆流量 $Q_{注}$ 保持稳定不变时，浆液扩散到一定程度后宽度不再增加，在裂隙中形成中间过浆液、两边过水的稳定流动，浆液和水达到平衡状态。此时浆液凝胶时间较长。但实际上，由于注浆泵的脉冲特点，以及管道中的气泡等原因，导致脲醛树脂浆液和草酸不均匀混合。而且注浆过程中，裂隙中通常还存在“液-气分离”现象。液-气分离导致在垂直于流动方向的断面上，流速大小不一。因此，形成浆液稳定流后，流域上各部位凝胶时间和顺序各有先后。停止注浆后，已固结部分则保留下来；未固结部分则被动水冲刷。

④浆液泄流完全不封堵：当浆液凝胶时间太长，且浆液扩散不够能量进入第二扩散阶段时，注入的浆液全部在注浆压力和动水压力作用下泄流出裂隙外。停止注浆后，浆液在裂隙内几乎无留存。裂隙水流恢复到注浆前状态。因此，注浆完全失效。

4.8 动水注浆浆液有效封堵原则及条件

4.8.1 基于浆液时变固化特性的动水裂隙注浆留存封堵机理

裂隙动水注浆封堵过程，本质上是浆液在动水因素、裂隙介质因素和注浆因素等共同作用下的一种特殊扩散形态，其结果是对裂隙动水过水断面的充填留存封堵，阻断或改变了岩体裂隙原有的动水流场与排泄路径。根据室内模拟试验成果获得的认知，浆液留存封堵模型分为全断面留存完全封堵与冲刷留存不完全封堵两种类型。而无论是哪一种类型，其注浆达到的结果均是阻断或部分阻断了原有岩体裂隙中的动水水流。

由于浆液的性质不同，浆液扩散过程及堵水机理也不同。对于改性脲醛树脂浆液，可以将脲醛树脂浆液凝结固化反应过程采用黏度时间函数表征 $\eta_{(t)}=\eta_0 e^{kt}$ 。而对于浆液受动水环境的作用下导致的稀释与失凝则采用黏度时间函数的修正 $\xi\cdot\eta_{(t)}(\xi\geqslant 1)$ 进行表征。我们可以根据脲醛树脂浆液随时间发生胶凝固化过程中随时间状态变化，把注浆封堵机理过程分为三个阶段：流态运动扩散期、充填胶凝阻水期和固化留存封堵期。

(1)流态运动扩散期

此阶段，脲醛树脂浆液持续注入并未来得及充分发生胶凝反应，浆液具有流塑性，浆液运动可以用牛顿流体力学理论描述，浆液的各种运动规律将黏度视为时间函数 $\eta_{(t)}=\eta_0 e^{kt}$ ，满足注浆扩散理论中的流体力学基本假设。

(2)充填胶凝阻水期

此阶段，有新的浆液源源不断地注入，浆液逐渐代替了裂隙动水并开始充填过水断面，同时最初的浆液胶凝反应累积到了一定极限，浆液发生胶凝，即从流体转变为塑性体的过程，对裂隙动水起到一定的阻断作用。该过程浆液运动规律复杂，其扩散范围上存在流体、塑性体。在流塑体范围内，浆液依然遵循塑性流体黏度时变本构方程(广义宾汉流体方程)，当浆液完全丧失流动性转变为塑性体时遵循塑性力学原理。各相中对浆液(体)运动阻滞起控制作用的分别是黏滞剪切力、塑性剪切力和滑动摩擦力，注浆压力开始变大。

(3)固化留存封堵期

裂隙中在大范围浆液胶凝固化为塑性体，直至固结体，浆液固结体与裂隙岩壁间逐渐形成较大有效黏结力，注浆阻力迅速增加。浆液固结体留存实现裂隙动水的封堵或部分阻断效果。同时试验发现在此过程中裂隙中出现浆液密实挤压现象，甚至可能会对已固化浆液固结体产生劈裂，形成新的扩散路径等。注浆结束后，浆液固结体稳定留存裂隙，封堵动水，实现注浆堵水效果。

综上所述，脲醛树脂浆液在流态运动扩散期和充填胶凝阻水期运动形态对注浆堵水起基础控制作用。在此阶段，浆液运动扩散至裂隙的过水断面边界，并形成固化封堵体，逐渐阻断了裂隙动水流动。这个过程中的浆液固化封堵体可能是塑性体或混合体。而固化留存封堵期是完成对动水裂隙有效充填与加固，决定了裂隙堵水程度或达到巩固注浆堵水效果的作用。该阶段，在实现暂时稳定的注浆封堵后，裂隙上游水的渗透压会提高，浆液固结体能否在裂隙上游动水压力下保持稳定是十分关键的，所以固化留存封堵期对于裂隙动水注浆堵水最终效果是极为关键的，决定了裂隙次生涌水和二次涌水是否会发生。试验结果也证明了这一点，在第 4 章中分别介绍了全断面留存完全封堵与冲刷留存不完全封堵两种类型，出现了动水裂隙次生涌水和二次涌水情况，分为沿侧向边界冲刷溃水通道、切穿浆液冲刷溃水通道和多交叉溃水通道冲刷破碎等。

4.8.2　黏时变浆液裂隙动水注浆留存封堵原则及条件

在地下水注浆封堵中，地下水运动与注浆压力共同作用下浆液在裂隙中扩散，浆液发挥作用的称为有效扩散，反之称为无效扩散。结合工程实践和室内注浆试验现象可将无效扩散总结为以下几种：①注浆过程中部分浆液在动水水流的冲刷和搬运作用下随水流流失，工程上称为“跑浆与串浆”。②浆液在进入地下含导水裂隙后，由于过度稀释，丧失了凝结固化能力。③注浆结束后浆液仍然不能扩散充填裂隙全空间(比如裂隙开度和展布宽度很大)，无法封堵动水。④浆液进入动水裂隙后，迅速凝结固化，导致浆液扩散范围有限，封堵效果欠佳。⑤浆液能够扩散至岩土体裂隙全空间范围，但在注浆终止后，由于地下水作用浆液未能存留在岩土体中，这一点我们在下面的两个满足条件中进行了单独分析。而浆液的有效扩散和无效扩散并不是孤立的，在大多数的地下工程涌水治理中，有效扩散与无效扩散是并存的。

动水注浆单裂隙的封堵条件应分两种情况进行分析：①浆液扩散至两侧边界实现全断面完全封堵；②浆液无法扩散至两侧边界，但留存后不完全封堵。

(1)完全封堵

因此，要实现浆液对裂隙断面的完全封堵，应满足以下原则。

原则一：浆液应有足够能量扩散到裂隙两侧边界并封闭起来。

对其进行力学分析，当浆液扩散体靠近裂隙边界并接近完全封闭时，是实现全断面封堵的关键过程。此时水的动能基本全部转化为压能。因此，可以认为在扩散体与裂隙边界闭合的瞬间，作用在扩散体上的径向压强等于此时的静水压强，如图 4-45 所示。

分析可知，注浆泵提供的能量在此时与静水压力平衡时，则上游段浆液扩散轮廓线不再变化。注浆孔流出的浆液全部流向下游。因此，浆液扩散与裂隙边界闭合的平衡条件为：浆液由注浆孔流出后全部向下游流动的总沿程阻力与静水压力作用在扩散体外边界上的合力相等。

静水作用在上游扩散体沿 x 向的压力为：

$$P_g = B \cdot \delta \cdot p_w \tag{4-25}$$

式中，B 为裂隙 y 方向延展长度，δ 为隙宽。p_w 为静水压强。

根据立方定律，裂隙内水力坡度为：

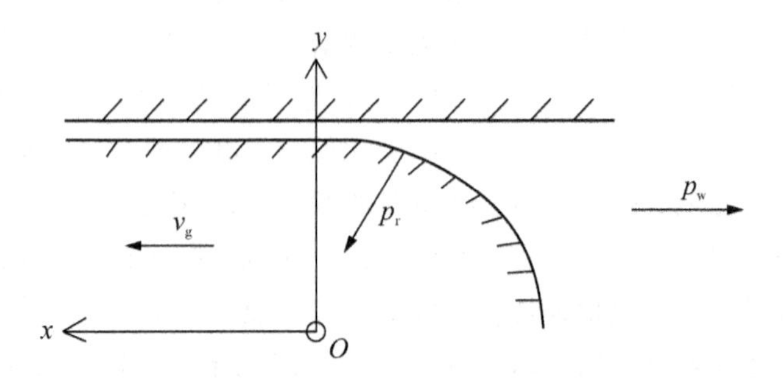

图 4-45　扩散受力示意图

$$J = \frac{12\mu q}{\gamma\delta^3} \tag{4-26}$$

式中，μ 为运动黏度；γ 为浆液重度；q 为裂隙单宽流量。

则下游总沿程阻力为：

$$F_f = \frac{12\mu q}{\gamma\delta^3} \cdot l_{下} \cdot \rho_g \cdot g \cdot B \cdot \delta \tag{4-27}$$

根据平衡条件，$P_g = F_f$，则

$$B \cdot \delta \cdot p_w = \frac{12\mu q}{\gamma\delta^3} \cdot l_{下} \cdot \rho_g \cdot g \cdot B \cdot \delta \tag{4-28}$$

因此，可解得注浆临界流量 Q_j

$$Q_j = q \cdot B = \frac{\gamma\delta^3 p_w B}{12\mu\, l_{下}\, \rho_g g} \tag{4-29}$$

当 $Q_{注}$ 大于 Q_j 时，则浆液有足够能量扩散到裂隙两侧边界并实现过水断面的全部充填闭合。且当注浆持续时间大于浆液凝胶时间时（$T > t_n$），上游浆液停留在裂隙内有足够时间凝胶固结，即可成功实现封堵。

原则二：浆液停留在裂隙内有足够时间凝胶固结，注浆持续时间需大于浆液凝胶时间时。

$$T > t_n \tag{4-30}$$

式中，T 为注浆持续时间，t_n 为浆液凝胶时间。

原则三：注浆结束后，全断面浆液固结体能够提供足够的黏结力抵抗最大水压力。

此处浆液性质需满足的条件和管道注浆一样，即

$$p \cdot A \leqslant C \cdot \chi \cdot L \tag{4-31}$$

式中，p 为水对浆体的压强；C 为浆液对岩壁的黏结强度；L 为浆液充填段长度；A 为封堵断面面积；χ 为封堵断面湿周。

则浆液与岩壁黏结力需满足：

$$C \geqslant \frac{p \cdot A}{\chi \cdot L} \tag{4-32}$$

因此，要实现单一裂隙动水注浆的全断面完全封堵效果，应该满足上述对注浆流量、注浆持续时间和浆液固结体性质的基本要求：

$$\begin{cases} Q_j = q \cdot B = \dfrac{\gamma\delta^3 p_w B}{12\mu\, l_{下}\, \rho_g g} \\ T > t_n \\ C \geqslant \dfrac{p \cdot A}{\chi \cdot L} \end{cases} \tag{4-33}$$

(2) 留存不完全封堵

无论是有限边界裂隙不完全封堵的情况，还是“无限边界裂隙”的浆液扩散留存情况，该情况下浆液处于“U”型扩散状态，浆液留存需满足以下两个基本原则。

原则一：浆液固结体应能提供足够的黏结力抵抗水压力，此处，水压力为动水的作用力。

如图 4-46 所示，浆液固结后受到来流方向的作用力，称为水流的绕流阻力 D；固结体受到垂直于来流方向的作用力，称为水流的横向作用力 L。无论是纵向阻力还是横向阻力，均包括法向压应力和表面切应力的影响。

由于浆液扩散体的对称性，水平裂隙中，横向力合力为零。扩散体所受横向阻力 D 由摩擦阻力 D_f 和压差阻力 D_p 两部分组成，因此

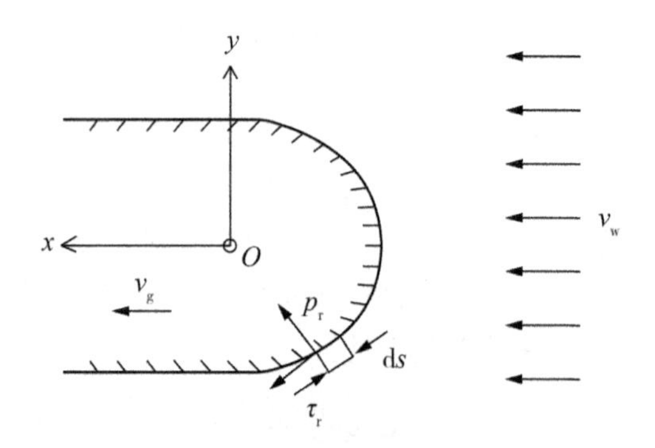

图 4-46　绕流阻力分析

$$D_f = \int_s \tau_r \sin\theta \mathrm{d}s \tag{4-34}$$

$$D_p = \int_s p_r \cos\theta \mathrm{d}s \tag{4-35}$$

式中，s 为固结体总表面积；θ 为固结体表面法向力与 x 方向的夹角。

此处，压差阻力取决于浆液扩散固结后的形状。形状不一样，水流的绕流特征不一样，压差阻力也不一样。因此，总的绕流阻力

$$D = C_D \frac{\rho_w v_w^2}{2} A_x \tag{4-36}$$

式中，A_x为浆液固结体在与动水流速方向垂直的迎流投影面积；C_D为固结体的绕流阻力系数，系数取值由其形状而定。

因此，为满足上述留存基本条件①，则固结体与裂隙面的总黏结力应大于绕流阻力，即

$$A_z \cdot C > C_D \frac{\rho_w v_w^2}{2} A_x \tag{4-37}$$

式中，A_z为浆液固结体的扩散面积；C 为固结体与岩壁的黏聚力。

则浆液固结体与岩壁黏结力需满足

$$C > C_D \frac{\rho_w v_w^2 A_x}{2 A_z} \tag{4-38}$$

原则二： 浆液能在裂隙内凝固起来，即在凝固时间内不流出裂隙外。

浆液-水的流动可按前述势流理论进行分析。

以图4-46中坐标轴为基准，根据公式(4-28)，浆液在裂隙中轴线的流动速度为：

$$v_g = v_w + \frac{q}{2\pi x} \tag{4-39}$$

因此，浆液由注浆孔流动到裂隙出口($x = l_{下}$)的时间为

$$v_g \cdot dt = dx \tag{4-40}$$

$$t = \int_0^{l_{下}} \frac{1}{v_g} dx = \int_0^{l_{下}} \frac{2\pi x \delta}{2\pi x v_w \delta + Q_{注}} dx \tag{4-41}$$

为满足原则二，则注浆流量 $Q_{注}$ 与浆液凝胶时间 t_n 应符合以下关系：

$$\int_0^{l_{下}} \frac{2\pi x \delta}{2\pi x v_w \delta + Q_{注}} dx > t_n \tag{4-42}$$

因此，要实现单一裂隙动水注浆的浆液留存不完全封堵，应该满足上述对注浆流量、注浆胶凝时间和浆液固结体性质的基本要求：

$$\begin{cases} C > C_D \dfrac{\rho_w v_w^2 A_x}{2 A_z} \\ \displaystyle\int_0^{l_{下}} \frac{2\pi x \delta}{2\pi x v_w \delta + Q_{注}} dx > t_n \end{cases} \tag{4-43}$$

第5章　结　　语

本书对地下工程岩体涌突水及注浆封堵的基本水力学特征进行了分析。以此为基础，分别建立了两套模型试验系统——管道动水注浆试验系统及裂隙动水注浆试验系统，运用该系统进行了动水注浆模拟试验。

①水泥浆液的动水管道注浆试验发现了注浆开始阶段的水击现象。该现象由浆液注入产生的高压冲量使动水运动状态突然发生改变所致，具体表现为浆液注入时管内水压力的突然波动。动水管道注浆试验表明，水源水头大小与注浆流量大小是影响水泥注浆堵水成败的关键因素，而管内动水流速影响较小。动水作用下浆液扩散呈三种方式：第一种浆液被动水携带出流；第二种浆液先顺水流运移，后逆水流扩散；第三种浆液进入管道后同时向上下游扩散。注浆后的封堵状态分四种：无封堵、浆液充填后溃流不封堵、顶部渗流不完全封堵、完全封堵。通过力学分析，推导了“浆液充填后溃流不封堵现象”与“顶部渗流不完全封堵现象”两者互相转化的临界渗透流速 u_{cr}。化学浆液的动水管道注浆试验发现，因浆液的扩散方式不同，造成的动水封堵方式和机理不同。可分为三种封堵机理：注浆孔上、下游胶凝固结封堵，下游胶凝固结封堵，上游胶凝固结封堵。

②通过对水泥和化学浆液管道注浆试验结果的分析，分别提出了对动水成功实现浆液扩散封堵的基本原则。动水水泥注浆时，充填段内浆液所能抵抗的最大静水压力应小于浆液的屈服剪切力；其次，注浆时浆液应保证可以充填全部过水断面，不出现浆-水混合流的情况。动水化学注浆时，充填段浆液固结后与管壁的黏结力应大于静水压力；其次，应调整注浆流量和浆液凝胶时间等因素使浆液的凝胶现象能保证在管道内发生。以封堵的基本原则为根据，分别推导了成功封堵时浆液性质、注浆时间所需满足的条件，并推导了水泥浆液等宾汉流体浆液成功封堵所需的临界流量 Q_e 和速凝类化学浆液不同封堵作用机理时成功封堵所需的临界流量 Q_e 和 Q'_e。

③单裂隙动水注浆试验结果表明，动水流速影响注浆堵水效果程度最大，裂隙开度次之。裂隙形态方面，网络状充填裂隙的注浆堵水效果最优，规则平直状裂隙次之，开口形状裂隙注浆堵水效果

最差，这在实际工程中遇到大型孔洞裂隙突水注浆时，通常采取先用骨料充填裂隙再注浆的实践是一致的。裂隙动水注浆封堵过程中，裂隙动水流量的变化规律可归纳为单峰值递减型和多峰值波动型，单峰值递减型所对应注浆堵水率均在50%以上，注浆治理效果较好，浆液在裂隙中留存较完整；多峰值波动型所对应注浆堵水率在50%以下，注浆治理效果较差，注浆结束稳定后浆液在裂隙中留存不完整，支离破碎。

④浆液在有限边界裂隙中的流动扩散可分为两个阶段：无侧向边界辐向扩散阶段和沿侧向边界扩散阶段。在第一扩散阶段，发现了动水对浆液扩散体绕流时产生的低压漩涡区，具体表现为浆液扩散体尾部水压和流速的降低。化学浆液对动水裂隙的封堵机理分为三种：a. 全断面浆液扩散固结完全封堵；b. 固结—绕流—固结完全封堵；c. 非全断面扩散留存不完全封堵。“全断面扩散固结完全封堵”即浆液进入裂隙后快速进入第二扩散阶段，充填全部裂隙过水断面并凝胶固结；“固结—绕流—固结完全封堵”即浆液在离注浆孔正下游方向较近的某一位置最先固结后，新浆液对其进行绕流，绕流过程中，固结体范围不断增大，最终封堵整个断面；“非全断面扩散留存不完全封堵”即为浆液注入只出现扩散的第一阶段，浆液无法对全过水断面进行封堵，但注浆后浆液在其流域上留存下来，减小了过水断面面积。

⑤根据脲醛树脂浆液随时间发生胶凝固化过程把浆液留存封堵机理过程分为三个阶段：流态运动扩散期，充填胶凝阻水期和固化留存封堵期；流态运动扩散期和充填胶凝阻水期对注浆堵水起基础控制作用，而固化留存封堵期是决定裂隙堵水程度和最终效果的关键。依据浆液在动水裂隙中的封堵机理，分别提出了“全断面完全封堵”和“浆液留存不完全封堵”的基本原则。在“完全封堵”时，首先，浆液应有足够能量扩散到裂隙两侧边界并封闭起来，且注浆持续时间应大于浆液凝胶时间；其次，浆液固结体应能提供足够的黏结力抵抗静水压力的作用。在“留存不完全封堵”时，浆液固结体则应能够提供足够的黏结力抵抗动水压力；其次，浆液在凝固时间内不流出裂隙外。最后，依据封堵原则，提出了成功封堵所需的临

界注浆流量Q_j、浆液固结体与岩壁黏结力C，以及其他注浆可控工艺参数所需满足的条件或表达式。

本书的研究工作取得了一些成果，但仍有很多不足和需要深入研究的方面：

①对裂隙特征的模拟过于简单。实际由于工程地质条件的复杂性和隐蔽性，岩体裂隙的物理力学性质难以完全查明，单一的假设模拟具有局限性。所以，在后续试验研究中，对于岩体裂隙的性质和形态的模拟需要进一步优化。

②模拟试验系统平台不够完善。在试验过程中，裂隙边界效应、注浆系统等所受到的限制因素太多。搭建大比例的三维动水注浆模拟试验平台是非常有必要的，考虑裂隙边界效应、裂隙倾角、交叉裂隙、网络裂隙，注浆压力、流量的稳定控制与监测等都有待改进。

③浆液扩散留存封堵机理、条件和判据研究过于理想化。实际工程中岩体裂隙介质极其复杂，注浆过程中浆液扩散路径并不能完全确定，浆液在地下动水的影响下留存封堵更具有不确定性。所以，开展复杂水文地质条件下的注浆堵水机理和判据研究仍是今后研究的重点与难点。

参考文献

[1]李忠．在建铁路隧道水砂混合物突涌灾害的形成机制、预报及防治[D]．徐州：中国矿业大学，2010.

[2]杨米加．随机裂隙岩体注浆渗流机理及其加固后稳定性分析[D]．徐州：中国矿业大学，1999.

[3]郝哲，王来贵，刘斌．岩体注浆理论与应用[M]．北京：地质出版社，2007.

[4]韩立军，等．岩土加固技术[M]．徐州：中国矿业大学出版社，2005.

[5]《岩土注浆理论与工程实例》协作组．岩土注浆理论与工程实例[M]．北京：科学出版社，2001.

[6]冯旭海．压密注浆作用机理与顶升效应关系的研究[D]．北京：煤炭科学研究总院，2003.

[7]丁振宇．上海地铁隧道壁后注浆的地表顶升回落规律的研究[D]．北京：煤炭科学研究总院，2004.

[8]葛运广，刘家海．注浆技术在沉井纠偏中的应用[J]．江苏煤炭，2003，(2)：50-51.

[9]M. J. Yang, Z. Q. Yue, P. K. K. Lee, B. Su, L. G. Tham. Prediction of grout penetration in fractured rocks by numerical simulation [J] . Canadran Geotechnical Journal, 2002, 39: 1384-1394.

[10]石明生．高聚物注浆材料特性与堤坝定向劈裂注浆机理研究[D]．大连：大连理工大学，2011.

[11]涂鹏．注浆结石体耐久性试验及评估理论研究[D]．长沙：中南大学，2012.

[12]何忠明．裂隙岩体复合防渗堵水浆液试验及作用机理研究[D]．长沙：中南大学，2007.
[13] Oda M. An equivalent model for coupled stress and fluid flow analysis in jointed rock masses[J]. Water Resources Research, 1986, 22(13).
[14]张农．巷道滞后注浆围岩控制理论与实践[M]．徐州：中国矿业大学出版社，2004.
[15]张霄．地下工程动水注浆过程中浆液扩散与封堵机理研究及应用[D]．济南：山东大学，2011.
[16]战玉宝，宋晓辉，陈明辉．岩土注浆理论研究进展[J]．路基工程，2010，(2)：20-22.
[17] Graf E D. Compaction grouting technique and observations[J]. Journal of Soil Mechanics & Foundations Div, 1900, 95(SM5): 1151-1158.
[18] Baker W H, Cording E J, MacPherson H H. Compaction grouting to control ground movements during tunneling[J]. Underground Space, 1983, 7(3): 205-212.
[19]李向红，刘建航，傅德明，等．CCG 注浆过程的数值模拟研究[J]．岩石力学与工程学报，2003，22(增 1)：2322-2327.
[20]王哲，龚晓南，程永辉，等．劈裂注浆法在运营铁路软土地基处理中的应用[J]．岩石力学与工程学报，2005，24(9)：1619-1623.
[21]邹金锋，李亮，杨小礼．劈裂注浆扩散半径及压力衰减分析[J]．水利学报，2006，37(3)：314-319.
[22]邹金锋，李亮，杨小礼，等．土体劈裂灌浆力学机理分析[J]．岩土力学，2006，27(4)：625-628.
[23] Baker C. Comments on paper rock stabilization in rock mechanics[M]. NY: Springer-Verlag NY, 1974.
[24]郝哲，王介强，刘斌．岩体渗透注浆的理论研究[J]．岩石力学与工程学报，2001，20(4)：492-496.
[25]刘嘉材．聚氨酯灌浆原理和技术[J]．水利学报，1980，(1)：

71-75.

[26]石达民，吴理云．关于注浆参数研究的一点探索[J]．矿山技术，1986，(2)：14-16.

[27]张良辉．岩土灌浆渗流机理及渗流力学[M]．北京：北方交通大学出版社，1997.

[28] Wallner M. Propagation of sedimentation stable cement pastes in jointed rock [J]. Rock Mechanics and Waterways Construction, 1976, (2): 132-136.

[29] Amadei B, Savage W Z. An analytical solution for transient flow of Bingham viscoplastic materials in rock fractures [J]. International Journal of Rock Mechanics and Mining Sciences, 2001, 38: 285-296.

[30]杨晓东，刘嘉材．水泥浆材灌入能力研究[C]//中国水利水电科学院科学研究论文集(第27集)．北京：水利电力出版社，1987.

[31] Karol R H. Chemical grouting and soil stabilization, revised and expanded[M]. London: CRC Press, 2003.

[32]任克昌．在动水中化学浆液的流动规律和灌浆方法[J]．水利水电技术，1982，(7)：57-61.

[33] Krizek R J, Perez T. Chemical grouting in soils permeated by water[J]. Journal of Geotechnical Engineering, 1985, 111(7): 898-915.

[34]王档良．多孔介质动水化学注浆机理研究[D]．徐州：中国矿业大学，2011.

[35]湛铠瑜，隋旺华，高岳．单一裂隙动水注浆扩散模型[J]．岩土力学，2011，32(6)：1659-1663.

[36]张改玲．化学注浆固砂体高压渗透性及其微观机理[D]．徐州：中国矿业大学，2011.

[37]张改玲，湛铠瑜，隋旺华．水流速度对单裂隙化学注浆浆液扩散影响的试验研究[J]．煤炭学报，2011，36(3)：403-406.

[38]李术才，张霄，张庆松，等．地下工程涌突水注浆止水浆液

扩散机制和封堵方法研究[J]. 岩石力学与工程学报，2011，30(12)：2377-2396.

[39]杨米加．随机裂隙岩体注浆渗流机理及其加固后稳定性分析[D]. 徐州：中国矿业大学，1999.

[40] A. H. Zettler & R. Poisel，G. stadler. Behaviour of visco-plastic fluids in narrow joints with non-parallel surfaces investigations of a rock groutiong process，mechanics of Jointed and Faulted Rock [J]. Rossmanith，1995.

[41]何修仁，等．注浆加固与堵水[M]. 沈阳：东北工学院出版社，1990.

[42] Adam Bezuijen. Compensation grouting in sand：experiments，field experiences and mechanisms[D]. Delft：Delft University of Technology，2010.

[43] Irupati Bolisetti. Experimental and numerical investigations of chemical grouting in heterogeneous porous media[D]. Ontario：University of Windsor，2005.

[44]李术才，张霄，等．地下工程涌突水注浆止水浆液扩散机制和封堵方法研究[J]. 岩石力学与工程学报 . 2011，30(12)：2378-2395.

[45] Hässler L，Håkansson U，Stille H. Computer-simulated flow of grouts in jointed rock [J]. Tunnelling and Underground Space Technology，1992，7(4)：441-446.

[46]Kishida Kiyoshi，Sawada Atsushi，Yasuhara Hideaki，et al. Estimation of fracture flow considering the inhomogeneous structure of single rock fractures [J]. Soils and Foundations，2013.

[47]Kishida Kiyoshi，Kobayashi Kenichiro，Hosoda Takashi，et al. Development of grout injection model to single fracture in considering inertia term and its application on parallel plate experiments [J]. Zairyo/Journal of the Society of Materials Science. 2012.

[48]阮文军. 浆液基本性能与岩体裂隙注浆扩散研究[D]. 吉林:吉林大学, 2003.
[49]罗平平, 王兰甫, 范波, 等. 基于MBM随机隙宽单裂隙浆液渗透规律的模拟研究[J]. 岩土工程学报, 2012, 34(2):309-316.
[50]罗平平, 陈蕾, 邹正盛. 空间岩体裂隙网络灌浆数值模拟研究[J]. 岩土工程学报, 2007, 29(12):1844-1848.
[51]郝哲, 王介强, 何修仁. 岩体裂隙注浆的计算机模拟研究[J]. 岩土工程学报, 1999, 21(6):727-730.
[52]吴吉春, 薛禹群. 地下水动力学[M]. 北京:水利水电出版社, 2009.
[53]陈崇希, 林敏. 地下水动力学[M]. 武汉:中国地质大学出版社, 1999.
[54]潘别桐, 徐光黎. 岩体结构模型及应用[M]. 武汉:中国地质大学出版社, 1990.
[55]宋晓晨, 徐卫亚. 裂隙岩体渗流概念模型研究[J]. 岩土力学, 2004, 25(2):227-232.
[56]祝云华, 刘新荣, 梁宁慧, 等. 裂隙岩体渗流模型研究现状与展望[J]. 工程地质学报. 2008, 16(02):178-183.
[57]国家安全生产监督管理总局. 煤矿防治水规定[M]. 北京:煤炭工业出版社, 2009.
[58]李永军, 彭苏萍. 华北煤田岩溶陷落柱分类及其特征[J]. 煤田地质与勘探, 2006, 34(4):53-57.
[59]卫迦, 田华兵. 岩溶管流水力学模型的典型研究——以后寨地下河为例[J]. 成都理工学院学报, 1997, 24(增刊):58-64.
[60]彭土标, 袁建新, 王惠明. 水利发电工程地质手册[M]. 北京:中国水利水电出版社, 2011.
[61]Mitchell J K. In-Place treatment of foundation soils[J]. Journal of the Soil Mechanics and Foundations Division, 1970, (1):73-109.

[62]徐冰寒，高岳，徐亚飞．改进型化学浆液在铁营孜煤矿副井井筒防水堵漏中的应用[J]．煤田地质与勘探，2012，40(3)：55-58.
[63]张民庆，黄鸿健．齐岳山隧道高压裂隙水注浆堵水技术[J]．铁道工程学报，2010，136(1)：68-72.
[64]刘志军．特大型灰岩突水动水注浆封堵技术研究[D]．山东科技大学，2006.
[65]郭密文．高压封闭环境孔隙介质中化学浆液扩散机制试验研究[D]．徐州：中国矿业大学，2010.
[66]苑莲菊，李振栓，武胜忠．工程渗流力学及应用[M]．北京：中国建材工业出版社，2001.

后　记

在中国矿业大学求学期间，笔者与师弟綦建峰在资源学院隋旺华教授的指导下，从事矿井水害防治及裂隙岩体防渗注浆等研究工作。博士毕业后，笔者进入长江设计院三峡勘测公司从事水利水电工程地质勘察与研究工作；綦建峰硕士毕业加入武汉地铁集团参与城市地铁建设。求学期间，我们所做工作偏向于注浆堵水的理论基础研究。近年来，在工作实践中亲历了水电站大坝、地下洞室群防渗设计、施工以及城市地下空间涌水注浆处理等工程后，形成了许多新的认识和想法，也深刻认识到动水注浆技术理论研究的重要性、必要性。本书是在理论与实践经验积累的基础上完善而成。

本书第一、第四、第五章由胡巍、綦建峰共同撰写，第二、第三章由胡巍撰写，钟华高级工程师在本书撰写和出版过程中了支持、指导和建议。特别感谢隋旺华教授对本课题研究及专著出版呕心沥血的指导；感谢张改玲教授、董青红教授、王档良副教授在课题研究工作中的关心和支持；感谢中国矿业大学高炳伦博士、贵州省交通规划勘察设计研究院袁奇工程师和中煤科工重庆设计研究院湛铠渝工程师等对研究工作提供的大量帮助。同时也感谢国家自然科学基金项目(NO. 41472268)对本书的资助。

注浆工程是一个十分复杂的系统。目前，对动水环境下岩体注浆浆液扩散及封堵作用机制的研究还处于初步探索阶段。对裂隙形态、岩体结构、地下水等作出精确的描述和判断本身就不易。当浆液注入岩体后，对浆-岩-水耦合作用机理作出评价更是难上加难。通过室内试验研究，本书阐述了管道及单裂隙中动水注浆封堵的基本原则、封堵机理等。希望本书的研究成果能为注浆技术的进一步研究提供参考和借鉴。鉴于著者水平有限，虽然倾心尽力，研究的深度和广度仍有待提高，敬请专家学者批评指正。

胡　巍

2016年11月22日

于金沙江旭龙水电站